AVIS

AU PEUPLE

DE

LA CAMPAGNE.

AVIS,

AU PEUPLE

DE

LA CAMPAGNE,

TOUCHANT l'Education de la Jeuneſſe, relativement à l'Agriculture.

OUVRAGE TRADUIT DE L'ALLEMAND;

A BERNE;

Et ſe trouve A PARIS,

Chez J.-Fr. BASTIEN, Libraire, rue du Petit-Lion, F. S. Germain.

M. DCC. LXXXI.

PRÉFACE.

Tous ceux qui ſavent de quel prix eſt l'Agriculture, gémiſſent, avec la plus grande raiſon, de voir que cet Art, le plus important de tous, eſt cependant celui que l'on néglige le plus. Déjà, du temps des anciens Romains, Columella ſe plaignoit qu'il y eût à Rome tant d'Ecoles d'Eloquence, de Géométrie, de Muſique, & de mille autres Arts inutiles, frivoles, ou qui ne pouvoient ſervir qu'à nourrir le luxe ; mais nous ne ſavons rien ni des Maîtres qui ont, dans des Ecoles publiques, enſeigné l'Agriculture, ni des Diſciples qui ont été curieux de s'inſtruire dans cette partie. Cependant quel eſt l'Etat qui ne lui doit point ſa principale force? ou plutôt quel Etat pourroit ſubſiſter ſans elle?

Il ſemble néanmoins que les Nations commencent enfin à revenir de l'erreur groſſiere qui leur a fait regarder juſqu'ici l'économie rurale comme un objet peu digne de leur attention. Après s'être vue, durant des ſiecles, preſqu'entiérement abandonnée au ſeul Laboureur, il étoit bien temps que les perſonnes les plus éclairées, ceſſant de la dédaigner comme indigne de leurs méditations, travaillaſſent à lui rendre tout le luſtre dont elle eſt ſuſceptible. Ce ſoin même s'eſt ſi fort accru de nos jours, qu'il paroît impoſſible de le porter plus loin. Les Souverains, convaincus que toute leur puissance est attachée à la population de leurs Etats & au bonheur de leurs sujets, & que ces deux points dépendent de l'Agriculture, ne cessent de s'occuper de la porter au plus haut degré de perfection possible. De là différentes Ordonnances, divers Réglements qui distribuent libéralement des Prix à ceux qui auront travaillé le plus utilement à faire fleurir l'Agriculture.

Chez les Nations les plus éclairées, on a établi des Sociétés économiques, dont l'unique objet est de guider, de diriger les Habitants de la campagne, au moyen du flambeau de l'expérience, ainsi que par les découvertes les plus sûres. L'effet nous prouve que leurs travaux ne sont point infructueux, & leur zele nous fait connoître qu'il est encore des gens à qui le bien public est cher.

Mais tant d'utiles institutions, d'excellents réglements, de soins, d'attentions, d'efforts de toute espece n'empêchent cependant pas qu'il n'y ait encore beaucoup de pays qui ne jouissent pas des fruits que l'on en pouvoit attendre. Il est des Nations entieres qui n'en ont que peu ou point profité ; & cela, je crois, par deux raisons : la premiere, c'est qu'on ne s'attache pas assez à prêcher d'exemple les gens de la campagne ; la seconde. que ces gens-là même ne favent, ou ne veulent point tirer parti des avis qu'on leur donne.

A l'égard de la premiere, comme les Princes, dans leurs Réglemens, ont particuliérement en vue le bien de leurs propres Etats, & le bonheur de leurs fujets ; que les diverfes Sociétés économiques ne s'occupent non plus que de l'avantage de leur Patrie, il arrive que les expédients que fourniffent les uns & les autres, ne peuvent convenir à tous les Peuples, puifque le genre de vie, les goûts nationaux, le fol, le climat font auffi divers que les pays. Les modeles & les inftructions doivent donc être différents auffi. D'où il fuit que l'avantage que les Payfans peuvent tirer de la prodigieufe quantité de Livres qui s'impriment de tous côtés, en Europe, n'eft pas à beaucoup près auffi grand qu'il feroit à defirer. On peut divifer ces Traités économiques en plufieurs claffes : il y en a de tels que l'on peut à peine les lire, par le dégoût que caufe l'amas confus d'idées fauffes, d'expériences mal faites & arbitraires, fur lefquelles fe fondent leurs opinions ; d'autres qui ne font que d'éternelles citations de pratiques auffi folles que fuperftitieufes, ne font auffi qu'un tiffu de fables, d'obfervations frivoles & ridicules, & d'hiftoires merveilleufes ; & c'eft par de tels Ouvrages que l'on cherche à leurrer le Peuple, qui n'eft déjà que trop

naturellement enclin au merveilleux! Si, au lieu de faire un auſſi
mauvais uſage de leur plume,
les Auteurs de ces Livres avoient
pris le - hoyau, ils auroient pu
rendre infiniment plus de ſervice à la ſociété.

Il eſt, je le ſais, des Livres
économiques qui contiennent
beaucoup de choſes utiles, &
qui annoncent de fort belles découvertes; mais comme ils omet-
tent dans les eſſais nombre de
circonſtances néceſſaires, qu'ils
ne diſent rien de la nature du
ſays ni de ſa ſituation, qu'ils ne
parlent point du climat, qu'ils
ne s'expliquent point aſſez clairement ſur la maniere dont on
doit procéder à l'opération, ils

A vj

ne peuvent convenir aux gens de la campagne.

Quant à la seconde raison que j'ai dit, qui influe sur l'opinion des Paysans, on sait que le sort de toutes les vérités les plus évidentes, de toutes les découvertes les plus utiles & les mieux constatées, a toujours été d'éprouver les plus grandes oppositions : de sorte que l'on peut dire avec fondement, que les hommes ne reçoivent que malgré eux le bien que l'on veut leur faire. Il est vrai qu'il y avoit apparence que cette folie n'auroit plus lieu quant à l'Agriculture, depuis que l'expérience nous avoit appris que plusieurs Nations, notamment les Anglois, pour avoir suivi les conſeils des gens habiles dans l'Art de cultiver la terre, pouvoient aujourd'hui vendre beaucoup de bled à ceux de qui ils étoient ci-devant obligés d'en acheter.

Cet exemple qui montre combien on peut augmenter la fertilité des terres, nous eſt connu, & nous en avons ſous les yeux une grande quantité d'autres. Cependant le Payſan n'en eſt pas plus induſtrieux. Tout le monde convient que les terres pourroient produire beaucoup davantage, & que l'on pourroit féconder même les plus ſtériles : il n'eſt preſque perſonne qui ne connoiſſe les fautes qui ſe commettent çà & là dans l'Economie rurale ; & cependant lorſqu'un honnête Cultivateur, non pour s'enrichir, encore moins par une folle ambition, mais par pur amour pour son pays, a le courage de proposer une nouvelle méthode qu'il a lui-même éprouvée, d'augmenter le produit des terres, & de couper cours aux erreurs manifestes & sans nombre, tout le monde est tenté de traiter cet homme-là de novateur, de réformateur insensé d'un métier qu'il ne connoît pas, ou qu'il n'a jamais exercé. D'où peut venir cet étrange aveuglement, si ce n'est de l'ignorance & du préjugé ?

Il ne faut qu'une légere connoissance du cœur humain, pour savoir quel est l'empire du préjugé sur les Sciences & sur les

Arts. Il y a ſi long temps que la culture des terres eſt abandonnée aux ſeuls Habitants de la campagne, que l'on croit ne devoir s'en rapporter qu'à eux, de tout ce qui a trait à l'Agriculture. On ne ſauroit ſe figurer que depuis le temps que le Payſan eſt en poſſeſſion de cultiver la terre, il ſoit poſſible d'inventer encore de nouvelles méthodes plus utiles que celles qui ſont connues; de maniere que ſi quelqu'un s'aviſe d'en propoſer une nouvelle, il ſuffit qu'il s'écarte tant ſoit peu de la routine, pour qu'il ne ſoit point écouté.

Si je voulois citer ici toutes les fautes groſſieres que j'ai vu commettre aux Payſans, je ne finirois pas. Je me contenterai d'en relever quelques-unes, pour convaincre les incrédules que ces gens-là n'ont pas appris grand chofe de leurs prédécefleurs , & que ceux-là n'ont pas été plus habiles que ceux-ci.

Tout le monde convient que la plus grande amélioration des biens confifte à favoir bien mêler les différentes fortes de terre ; mais où font les Laboureurs qui fe donnent cette peine ? Il eft indubitable que la marne dont les Anciens ont fait tant de cas , eft très-utile pour fertilifer tous les terroirs , lorfque l'on apporte à s'en fervir toute l'attention requife ; & cela eft prouvé par les expériences fans nombre faites en Angleterre, dans beaucoup de cantons d'Allemagne &

ailleurs ; mais où font les Payfans qui aient commencé d'en
faire ufage ? On a toujours tenu
pour certain que l'art de féconder la terre confiftoit principalement à la fendre, à la retourner
plufieurs fois , & à la labourer
profondément , en proportion
des fruits que l'on y veut femer,
afin que ces fruits puiffent prendre la nourriture qui leur eft néceffaire ; mais où font les Payfans
qui donnent plus d'un labour à la
terre, même la plus dure ? Combien n'y en a-t-il pas qui fe contentent de labourer feulement lorfqu'il eft queftion d'enfemencer ?
En eft-il beaucoup qui donnent
plus de trois à quatre pouces de
labour à leur terre, quelle qu'en
foit la nature, ou qui, pour

l'ameublir davantage, se servent d'une herse à dents, ou de quelqu'instrument convenable, tels que les ont toujours employés les bons Laboureurs? De quelle conséquence n'est pas l'engrais pour amander les terres? Tout Laboureur expérimenté sait que, pour fertiliser ses champs, il doit employer ici tel fumier, là tel autre : cependant combien peu de soin le Paysan n'apporte-t il pas à se procurer une quantité suffisante de bon fumier! & combien n'est-il pas blâmable de ne point faire de distinction entre une espece d'engrais & une autre! C'est sans doute un grand avantage d'entretenir beaucoup de bétail; mais pour que cet avantage ait lieu, il faut que les bes-

tiaux foient dans une jufte proportion avec la faculté que l'on
a de les nourrir. Cependan combien n'a-t-on pas à déplorer fur
ce point l'ignorance ou la négligence de la plupart des Payfans !
Ces gens-là ne font que peu ou
point d'attention aux pâturages ,
ils fe mettent peu en peine de
fe procurer de l'eau ; en ont-ils ?
ils ne favent pas l'employer à propos. S'agit-il de faucher les prés ?
ils n'attendent pas que l'herbe
foit mûre. Combien de Payfans ,
très-empreffés d'avoir beaucoup
de bétail , ne fongent pas à la
quantité de fourrage dont ils ont
befoin ! Combien la récolte
n'eft-elle pas médiocre, en général, dans certains pays , eu égard
à ce que l'on feme ! Comment

peut-on regarder , par exemple,
comme une riche & abondante
moiſſon, le triple, le quadruple
& même le quintuple de la ſemence ? Cependant je crois
que , généralement parlant ,
le Payſan ſeroit trop content,
& s'eſtimeroit très - heureux
s'il pouvoit annuellement compter ſur une récolte quadruple.
Il ignore à quel point elle pourroit être abondante, s'il prenoit
ſoin de mieux cultiver ſes terres.
Combien n'y a-t-il pas de Laboureurs qui ne ſavent pas faire la
différence d'une terre à une autre , & qui ruinent une quantité
de plantes , faute de rien connoître à la végétation ! qui demandent de la pluie, lorſqu'il
faudroit du beau temps ; & qui

foupirent après le retour du foleil, quand la pluie feroit néceffaire ! Combien en eft-il qui,
pour ne rien connoître aux caufes toutes naturelles des divers
phénomenes, attribuent d'abord
aveuglément tout ce qu'ils voient
à l'influence de la lune, ou à la
magie ! Combien qui, pour ignorer ce qui fe paffe hors de leur
village, regardent comme de
pures chimeres les découvertes
les plus fûres, les expériences
les mieux conftatées, loin de les
prendre pour guides ! Combien
qui procedent aux opérations les
plus importantes de la culture,
fans faire la moindre attention
au temps, au lieu, aux circonftances ! Combien qui, au lieu
de labourer leur champ, aban-

donnent leur pays, ou restent les bras croisés, & croupissent lâchement en hiver, dans l'ordure de leurs étables, lorsqu'ils auroient plus d'un ouvrage utile à faire ! Tous ces abus n'existent que trop ; & plût à Dieu que ceux dont je ne parle point, ne fussent pas en plus grand nombre ! Or si toutes ces observations ne sont que trop fondées, comment peut-on regarder les Paysans comme des Cultivateurs entendus, qui n'ont besoin ni d'instruction, ni d'encouragement? Croit-on par-là leur donner plus de soin, de zele & d'habileté à bien remplir les devoirs de leur état ?

Tout cela est vrai, me dirat-on; mais pensez-vous pouvoir

convertir les Payſans, & les affranchir des préjugés qui ont
pris chez eux de ſi profondes racines?

J'avoue que c'eſt une entre-
priſe très-difficile que de vouloir
ſouſtraire à l'empire de la coutume le Payſan qui, faute de
pénétration & de lumieres, ſe
regle en toutes choſes ſur ce
qu'il voit faire à ſon voiſin; mais
doit-on pour cela abandonner
tout eſpoir d'améliorer l'Agriculture? Doit-on négliger de
faire connoître les moyens les
plus propres à éveiller de leur
aſſoupiſſement les gens de la campagne, & à les rendre plus
dociles à l'avenir? Si l'on en
avoit uſé ainſi dans les pays où
fleurit actuellement l'économie

rurale, on n'y verroit pas d'auffi utiles changements. L'homme eft à-peu-près le même par-tout; & il faut efpérer que nos Payfans ne feront pas plus opiniâtres que ceux des différentes contrées qui ont enfin reconnu leurs erreurs. Si nous n'avons pas peut-être affez de Sociétés Economiques qui faffent des effais & qui diftribuent des Prix capables de réveiller le zele; fi les gens en place ne peuvent fe réfoudre à éclairer le vulgaire, en lui fourniffant de bons exemples, il nous refte cependant une reffource.

Pour remédier aux inconvénients fans nombre qui réfultent des préjugés pernicieux qui gouvernent les gens de la campagne, on croit que le plus court & le plus

plus sûr moyen seroit d'enseigner aux enfants, dès leur plus tendre jeuneſſe, l'Art de cultiver la terre, parce que l'eſprit des jeunes gens eſt capable de ſaiſir plus aiſément les vrais principes des choſes que les gens d'un certain âge. Perſonne n'ignore les ſoins tout particuliers que l'Impératrice-Reine MARIE-THÉREZE & l'Impératrice de Ruſſie ſe donnent pour l'éducation de la jeuneſſe, & pour faire fleurir les Arts. En Suede, on a établi, pour le progrès de l'Agriculture, des Ecoles que tous les jeunes gens, même ceux qui ſe deſtinent à l'état eccléſiaſtique, ſont obligés de ſuivre. Frédéric V, Roi de Danemarck, a fondé des Ecoles, où l'on inſtruit les jeunes

B

Payſans dans la meilleure maniere de cultiver la terre. Le
Roi de Pruſſe aujourd'hui ré-
gnant, s'empreſſe continuellement de fonder de ſemblables
établiſſements ; le Roi de Sar-
daigne a une Ecole d'Agriculture
à Turin ; & il y a peu d'années
qu'il y en avoit une ſemblable à
Naples. En Eſpagne même & en
Portugal, l'activité commence à
ſe réveiller ſous un ſage Gouvernement. Je ne dis rien du ſoin
que l'on apporte en Angleterre
pour exciter de tous côtés les
Peuples à un travail auſſi utile,
car c'eſt une choſe connue de
toute l'Europe. Je ne parle pas
non plus de la dépenſe très-con-
ſidérable que font pluſieurs Princes d'Allemagne, d'Italie, &c.

pour le progrès de l'Agriculture. Mais je ne puis taire ce que vient de faire la Société Economique de Berne. Je regarde cette Compagnie célebre & infatigable comme une de celles qui tiennent le rang le plus diftingué dans l'Europe. Toujours pleine de zele pour le bien public, & en particulier pour l'avantage de fon pays ; c'eft elle qui a propofé en 1763, un Prix pour le meilleur Ouvrage fur la queftion fuivante : *Quel eft le moyen le plus propre à inftruire, dans l'Agriculture, les enfants de Payfans ?*

De pareilles vues ont enflammé mon zele, & m'ont excité à concourir de toutes mes forces au bien de ma Patrie. C'eſt dans cette intention que je haſarde quelques idées que je crois utiles pour former la jeuneſſe des campagnes à l'Agriculture. Ces idées, je les ai tirées en partie des écrits de quelques Savants, & de mes propres obſervations. Mais tout ce que l'on peut dire, ou écrire ſur cette matiere, ne peut être d'aucune utilité, ſi l'on ne prend ſoin d'établir dans tous les Villages des Maîtres capables d'expliquer aux jeunes gens, clairement & avec la plus grande application, ce qu'ils ont lu, entendu, ou obſervé eux-mêmes là-deſſus. Et à qui confier cet emploi ? Je ſerois d'avis d'en charger les Maîtres d'Ecole ordinaires : tout en enseignant le Catéchisme aux enfants, tout en leur apprenant à lire, écrire, calculer, ils pourroient encore, au moyen d'une rétribution raisonnable, leur enseigner les plus importantes regles de l'Agriculture.

Dira-t-on que si les Maîtres d'Ecole étoient des Ecclésiastiques, il seroit indigne d'eux de se livrer à des occupations de cette nature? Je passerois les bornes d'une Préface, & celle-ci n'est déjà que trop longue, contre mon intention, si je voulois établir ici le principe incontestable que de telles occupations ne peuvent jamais être au-dessous de qui que ce soit. Aucun Ecclésiastique ne peut trouver in-

digne de lui de se dévouer à
tout ce qui tend au bien public,
puisque Dieu, loin de le lui dé-
fendre, le lui recommande par-
tout expressément. Eh! quelle
occupation pourroit être plus
innocente? Nombre d'Evêques
ne tiennent-ils pas à honneur
d'être reçus Membres des Sociétés Economiques du Royau-
me? ne les voit-on pas s'empres-
ser de se rendre utiles à leurs
semblables, quoique les devoirs
de leur état soient bien propres
à les dispenser d'un pareil travail? On assure que plusieurs
Prélats Réguliers du Tyrol témoignent le même zele, & n'oublient rien pour prendre sur eux
une partie des travaux économiques dont s'est chargée la Socié-

té nouvellement établie dans la Capitale de cette Province. Pourquoi ne feroit-il donc pas permis aux fimples Curés de confacrer leurs talents à l'avantage du pays qui les nourrit, quand nulle autre affaire ne les en empêche ? On me dira peutêtre que le principal devoir des Gens d'Eglife eſt de donner le bon exemple : d'accord ; mais dira-t-on qu'il foit contraire aux bonnes mœurs d'arracher les habitants de la campagne à la multitude d'erreurs qui caufent leur mifere ? Qui pourroit être affez ſtupide pour foutenir que c'eſt porter atteinte aux bonnes mœurs que d'inftruire les jeunes Villageois non feulement à être de bons Chrétiens, mais encore de bons peres de famille, & des membres utiles à la société?

Quand les Ecclésiastiques voudront entreprendre cette tâche dans tous les Villages, nous verrons bientôt l'Agriculture changer de face, & nous verrons en même temps disparoître la foule des abus énormes qui ont jusqu'ici ralenti ses progrès.

Tel est du moins le vœu qui m'a porté à écrire ce Livre. Mon unique but, en le publiant, est de contribuer, de tout mon pouvoir, à mettre les gens de la campagne à portée de reconnoître leurs fautes, & de devenir plus heureux. Loin de moi la sotte vanité de me faire un nom parmi les Savants. J'efpere que l'on ne m'attribuera pas ce motif, fi l'on veut un inftant confidérer que la matiere dans la difcuffion de laquelle je me fuis engagé eft peu propre à faire briller l'érudition, ainfi qu'à déployer un ftyle fleuri, & que fi j'avois eu la gloire en vue, je n'aurois pas choifi un fujet dans lequel on ne peut atteindre fon but, fans fe mettre néceffairement à la portée des efprits les plus bornés, qui ont le plus grand befoin d'inftruction, & auxquels on ne fauroit trop épargner toutes les difficultés.

Que l'on ne s'attende donc point à trouver dans cet Ouvrage rien de recherché, ni

B v

graces de ſtyle, ni toute autre élégance que nos nouveaux Auteurs exigent aujourd'hui de tous ceux qui veulent écrire.

AVIS
AU PEUPLE

DE
LA CAMPAGNE,

*Sur l'Éducation de la Jeunesse,
relativement à l'Agriculture.*

PREMIERE PARTIE.

---

§. PREMIER.

*Soins généraux à prendre dans l'éduca-
tion des enfants de Paysans.*

J'ENTENDS, par éducation, l'attention que doivent avoir les parents
& les maîtres, de veiller à ce que les

enfants , dès leur plus tendre jeuneſſe, ſoient bien ſoignés & inſtruits
convenablement ; c'eſt-à-dire, je la
conſidere & comme *phyſique*, & comme
morale. L'éducation *phyſique* a pour
but, les qualités du corps, comme
l'éducation *morale* , la culture, le développement, & les forces de l'ame.
C'eſt de cette diviſion que je vais me
ſervir ici, comme étant naturelle &
propre à mes vues. Mon Ouvrage ſera donc diviſé en deux Parties : dans
la premiere, je traiterai, avec toute
la clarté dont je ſuis capable, des regles à ſuivre pour rendre le corps
robuſte & vigoureux ; dans la ſeconde, je propoſerai les moyens qui me
paroiſſent les plus propres à former
l'ame : dans l'une & dans l'autre, j'aurai ſoin de commencer par des obſervations générales , avant que de paſſer
aux regles particulieres qui doivent en
découler.

§. II.

Soins généraux à prendre relativement au corps.

PERSONNE ne disconviendra, je pense, que la santé & la force du corps ne soient de la plus grande importance, sur-tout pour les gens de la campagne, qui sont obligés de se procurer leur subsistance par un travail pénible & absolument nécessaire aux besoins de l'état. Sans la santé, la vie la plus longue & la plus commode nous est à charge; & sans la force, nous sommes incapables du moindre travail. Or, pour que le corps acquiere de la vigueur, il est nécessaire de l'endurcir de bonne heure à la fatigue: lorsque les membres des enfants ont acquis une certaine consistance, ils commencent dès-lors à s'agiter, à courir; mais ils sont loin encore de pou-

voir foulever le plus petit fardeau. Les
forces ne croiffent qu'en proportion
de l'âge; & fi, par malheur, il arrive qu'en venant au monde, un enfant apporte quelqu'engorgement,
quelqu'obftruction, ou que ces accidents lui viennent par la négligence de
ceux qui doivent en prendre foin, il
n'en faut pas davantage pour interrompre le cours des efprits vitaux qui
doivent être dans un continuel mouvement; dès-lors toute la machine
fouffre, devient foible, languiffante &
incapable du moindre acte de vigueur.

Pour prévenir des accidents auffi
fâcheux, ainfi que pour éviter les
maux qui en font la fuite, je ne vois
que la modération, un bon régime de
vivre, & des aliments fains. Mais de
quelque maniere que les fonctions ani-
males foient interrompues, le corps
ne fauroit fouffrir, fans que l'ame s'en
reffente bientôt : ce que l'on n'a que
trop d'occafions d'obferver dans les

gens d'une conſtitution foible, chez les eſtropiés, chez ceux qui ne jouiſſent pas de leur raiſon, ſur-tout, chez les perſonnes ſujettes à de longues maladies; & chez ceux encore qui, gouvernés par leurs paſſions, ſont diſſolus & intempérants. En vain dira-t-on que les Payſans doivent s'accoutumer à tout; s'il eſt vrai, en général, que l'exercice & l'habitude aient ſur nous beaucoup d'influence, il ne s'enſuit pas pour cela, que l'on puiſſe ſe faire à tout indifféremment, & qu'il ſoit ſuperflu de prendre quelque ſoin de ſa ſanté. Il eſt, par exemple, des gens qui peuvent s'accoutumer à ne dormir que très-peu de temps, tandis que d'autres ont beſoin d'un long ſommeil pour l'entretien de leurs forces. Il en eſt qui, avec de la perſévérance, ſont capables de s'habituer à ſouffrir l'excès du froid & du chaud, à ſupporter la faim & la ſoif, & toutes ſortes d'incommodités; mais ces gens-là ne font devenus robuftes, & n'ont pouffé loin leur carriere, qu'à force d'étudier leur tempérament, & d'y plier, en toute occafion, leur maniere de vivre. Enfin, s'il eft à propos, fur tout dans l'éducation des Payfans, d'éviter une trop grande molleffe, une certaine délicateffe qui n'eft capable que d'affoiblir, il ne s'enfuit pas pour cela qu'il foit fuperflu de s'occuper de la meilleure maniere poffible d'arriver à ce but fans inconvénient. *Pierre-le-Grand*, qui fut le réformateur, ou plutôt le créateur de la Ruffie, voulut que fes Matelots accoutumaffent leurs jeunes garçons à ne boire que de l'eau de la mer; mais l'expérience lui apprit bientôt que l'entreprife étoit plus difficile qu'il ne penfoit; car toutes ces malheureufes petites créatures en moururent. La nature eft ennemie de la contrainte, & chaque chofe a fes bornes : les brutes mêmes ont des penchants dont la force eſt ſi grande , qu'on ne peut les leur faire quitter.

Il paroît donc qu'il n'eſt point du-tout indifférent de commencer l'éducation des enfants dès leur plus tendre jeuneſſe , puiſqu'il eſt démontré que celui qui ſeroit doué du plus heureux tempérament, de la conſtitution la plus parfaite , pourroit devenir foible & valétudinaire , ſi ſa mere n'en prenoit de bonne heure le plus grand ſoin ; & qu'au contraire un enfant foible peut devenir très-robuſte , s'il eſt bien & duement gouverné. Je dis duement , car autant ſont condamnables les mauvaiſes meres , qui ne font pas même pour leurs enfants ce dont la brute eſt capable pour ſes petits : autant ſont blâmables ces meres trop tendres , trop pleines de ſollicitude, qui, déſeſpérées à la plus légere indiſpoſition qu'elles apperçoivent dans leurs enfants, s'empreſſent auſſi-tôt autour d'eux , & leur adminiſtrent

des remedes, qui souvent, au lieu
de leur être utiles, les conduisent au
trépas, ou leur donnent pour le moins
un tempérament foible & languissant
tout le reste de leur vie. Il est vrai
que cela n'arrive pas toujours seulement par une suite de la folle tendresse
des meres; mais bien aussi par l'impéritie de ceux qui sont assez incon-
sidérés pour conseiller de pareils
moyens.

§. III.

Des remedes mal administrés.

Ceci me conduit à parler d'un
abus presque général chez les Villageois; soit que ces bonnes gens aient
un penchant naturel qui les porte aux
choses extraordinaires, ou qu'ils ne
puissent se déterminere à s'écarter
tant soit peu des usages qu'ils ont hérités de leurs ancêtres; soit qu'ils

ſoient trop pauvres pour pouvoir ſe procurer un Médecin habile, & des remedes propres à leurs maux; ces bonnes gens là, dis-je, dans les cas de néceſſité, ont d'ordinaire recours à des gens ſans expérience, à de vieilles femmes, à de miſérables Charlatans, qui, ſans avoir vu le malade, ſans rien connoître à la maladie, ſans faire la plus légere attention au tempérament, à l'âge, ou autres circonſtances qui changent ſouvent la nature du mal, n'en preſcrivent pas moins des remedes qui ne font que trop de victimes. Je n'entrerai pas dans le détail des ſuites fâcheuſes de tant d'abus pernicieux; c'eſt au Prince, comme protecteur, comme pere du Peuple, à les prévenir. Il eſt des perſonnes qui regardent la médecine comme une pure charlatanerie, comme une profeſſion qui a moins en vue la ſanté des gens, que la bourſe des pauvres fous qui veulent bien être

dupes. Mais ces Meſſieurs peuvent
s'égayer tout à leur aiſe; les gens
ſenſés conviendront toujours que l'Art
de guérir, conſidéré en lui-même,
eſt digne de toute leur eſtime, &
qu'on doit de plus le conſidérer
comme un ſecours indiſpenſable dans
tout état, où la ſanté & la conſerva-
tion des Citoyens ſont comptées pour
quelque choſe; quoiqu'ils ſachent fort
bien que les Médecins ſont ſujets à
à mille erreurs, parce que la cauſe &
l'origine des maladies ſont pour l'ordinaire très-cachées. Eh quoi ! parce
que le plus habile Architecte peut
ſouvent commettre les plus grandes
fautes dans l'édifice dont il a la conduite, ſeroit-il à propos de ſe confier
à un chétif Manœuvre, ſi l'on avoit
une maiſon à bâtir ? on me dira peut-
être que le Manœuvre n'entend rien
à l'Architecture; & qu'au contraire
un Charlatan rencontre quelquefois
plus juſte que le plus ſavant Médecin;

mais ne fera-t-on aucune différence entre opérer par hafard, ou par un effet de la pénétration? Il eft vrai que j'aimerois affurément mieux confier ma maifon à un Manœuvre, que ma vie a un miférable, dont le métier ne con- fifte qu'à faire des dupes. Mais je fup- pofe que la comparaifon ne foit pas tout-à-fait jufte, quel feroit l'homme affez infenfé pour aimer mieux confier un procès, d'où dépend toute fa for- tune, à un fimple Clerc *qui comprend à peine ce qu'il écrit*, que d'en charger un habile & confcientieux Avocat! par cette feule raifon que l'Avocat ne gagne pas toutes les caufes qu'il plai- de; & que *l'Apprentif griffonneur* a été affez heureux une fois pour obtenir à fa Partie un Arrêt favorable, dans une affaire qu'elle regardoit comme perdue. Pourvu que le Médecin foit affez expérimenté & affez prudent pour n'ordonner à fes malades, dans des cas embarraffants, que des remedes incapables de nuire, ſes conſeils pourront toujours leur être fort utiles. Mais quand même le Médecin ne feroit autre choſe que de preſcrire de bonnes regles de conduite, on feroit toujours ſuffiſamment fondé à lui accorder de la confiance. Il eſt, ce ſemble, raiſonnable de penſer qu'un homme verſé dans les principes de ſon Art, en ſera d'autant plus capable d'étudier la nature, de l'aider, & de la ſuivre avec ſuccès dans ſes différentes indications.

§. I V.

Des Auteurs qui ont écrit ſur cette matiere.

EN parlant de la ſanté, mon deſſein n'eſt pas d'entrer dans tous les détails de la Médecine, & de preſcrire toutes les regles à ſuivre dans les divers cas de maladie, ou de foibleſſe des enfants. Je me contenterai de

donner aux parents quelques inſtructions propres à leur ſervir de guides,
& à les mettre à portée de conſerver
& de maintenir leurs enfants en ſanté,
ſans qu'ils ſoient obligés de recourir
au Médecin. Je ferai du moins en
ſorte de les rendre telles qu'elles puiſſent les empêcher de faire des fautes
capables de nuire au tempérament. Je
profiterai même des excellentes obſervations de deux nouveaux Auteurs
très - judicieux, qui, en traitant de
l'éducation phyſique, ſe ſont avanta-
geuſement diſtingués : l'un eſt le pro-
fond Auteur du *Traité de l'Education
des jeunes Villageois*, inſéré dans les
Mémoires de la Société de Berne,
& qui, comme je l'ai dit dans ma Préface, m'a ſervi de guide dans le plan
de cet Ouvrage ; l'autre eſt M. *Bal-
lexerd*, de Geneve, Auteur d'une
excellente *Diſſertation ſur l'Education
phyſique*, imprimée en 1762, par les
ſoins de l'Académie des Sciences de

Hollande, & traduite du françois en italien ; puis réimprimée à Naples, en 1763, avec un succès peu commun. Lorsque je puise la plupart des instructions que je propose dans deux Ouvrages couronnés par deux Sociétés aussi dignes d'estime, j'espere que l'on me saura quelque gré de mes travaux.

§. V.

Principaux objets de l'éducation physique.

Comme les gens de la campagne n'ont en général d'autre moyen de subsistance que leur assiduité au travail, j'ai deux choses à proposer, 1°. il faut gouverner les enfants de maniere à les rendre assez agiles & assez robustes pour soutenir un travail pénible, & les accoutumer de bonne heure à résister, sans danger

pour

pour leur santé, aux différents degrés du froid & du chaud; 2°. avoir soin de les débarrasser, autant qu'il est possible, de tous les obstacles capables de nuire à leur accroissement, & de les rendre un jour inhabiles aux divers travaux qu'exige l'économie rurale. Je crois ces deux points dignes de la plus grande attention, & je n'oublierai rien dans cette premiere Partie, pour montrer de quelle maniere les peres & meres doivent se conduire, pour éviter plus sûrement les inconvénients qui résulteroient infailliblement de leur négligence à cet égard.

§. VI.

Ce que doivent faire les peres & les meres pour avoir des enfants robustes.

QUE les peres & les meres commencent par faire la plus grande attention à leur maniere de vivre, s'ils veulent avoir des enfants robustes & sains. Le fruit se ressent pour l'ordinaire des bonnes ou mauvaises qualités de la plante qui l'a produit ; si la plante est foible & mal-saine, le fruit ne sera ni beau, ni de bon goût : il en est de même des enfants ; ont-ils le bonheur de naître de parents sains & robustes, ils ont un tempérament fort & vigoureux ; sont-ils issus de parents foibles, débiles, valétudinaires, en proie au chagrin dévorant que cause la misere, leur constitution ne manque guere de s'en ressentir. Faut-il s'en étonner ? Il est impossible de conferver de bon vin dans un tonneau moifi ; plus un terrein eft maigre & mal cultivé, & plus le produit en eft de mauvais aloi. On ne peut attendre un bel agneau d'une brebis galeu-fe (1). Auffi ne voyons-nous dans les Villages que trop de malheureux en-fants attefter le mauvais genre de vie de ceux qui leur ont donné le jour. Combien en eft-il qui, felon l'opi-nion d'un habile Médecin, ne doivent leurs diverfes imperfections & infirmi-tés qu'à la conduite déréglée de leurs peres, fur-tout à des meres mal-fai-nes ! Ces cruelles ou trop rigoureufes meres, après avoir commencé par fe perdre elles-mêmes, ruinent enfuite le tempérament de leurs enfants au point, que, loin d'être propres à l'Agricul-ture, & à fubfifter du travail de leurs mains, ils font au contraire à charge

---

(1) C'étoit ainfi que s'exprimoit le bon Sancho-Pança.

à leurs compatriotes, en les mettant dans le cas de partager avec eux les fruits modiques de leurs épargnes & de leurs sueurs. On ne doit point faire de mauvaises plantations; il seroit bien à desirer aussi qu'il ne fût permis de se marier qu'aux filles dont on auroit lieu d'attendre des enfants bien constitués. Cet usage a eu lieu jadis dans certaines contrées, & peut-être est-il encore aujourd'hui des Peuples assez sages pour le suivre.

§. VII.

Ce que les meres ont à observer pendant leur grossesse.

MAIS puisqu'un Réglement qui interdiroit le mariage à tous ceux qui n'ont ni le moyen de vivre, ni la volonté de travailler, est un bien dont nous ne devons pas trop nous flatter; je voudrois du moins que les femmes

fissent un peu plus d'attention à leur
santé, dès qu'elles s'apperçoivent
qu'elles sont enceintes. Le temps de
la grossesse est assurément celui qui
exige de leur part la plus grande cir-
conspection ; & si leur propre avantage ne suffit pas pour les y engager,
que ce soit du moins en considération de leur fruit. Ce n'est assurément
pas que j'entende qu'elles soient assez
folles pour se *délicater*; mais je pense
que la nature & la Religion leur pres-
crivent le devoir de s'abstenir de tout
mouvement violent ; de ne porter
aucun fardeau pesant; de ne s'abandonner à aucune passion déréglée; d'éviter avec soin ces trop fortes émotions
de tous genres ; en un mot, tout ce
qui peut causer quelqu'altération, &
troubler la paix de l'ame. Mais s'il
se trouve quelques femmes pour lesquelles il soit trop difficile de s'abstenir de tout cela, & que leurs maris ne
les aident point à suivre là-dessus les

avis de la raison ; qu'ils fachent cependant qu'ils font alors indifpenfablement obligés d'avoir pour leurs femmes la plus grande indulgence, & de n'en pas trop exiger ; qu'ils doivent éviter toute rigueur , toute contradiction , & fur-tout d'en venir aux coups. Que la mere s'abftienne de tous les aliments capables de nuire à fon fruit : elle peut jouir de ceux qui font de fon ufage ordinaire , mais tout ce qui eft indigefte ou trop âcre lui feroit contraire ; elle doit auffi fe garder de rien prendre de trop chaud. A mefure qu'elle avance dans fa groffeffe , qu'elle fe retienne fur fon appétit ; qu'elle fe garde de trop fe charger de nourriture à la fois : il vaut mieux qu'elle y revienne plus fouvent. Si, comme il peut arriver, elle perd l'appétit au point même de ne voir les mets qu'avec répugnance , elle doit s'efforcer de la vaincre, fe faire violence en quelque forte, pour

que l'enfant puiſſe prendre la nourriture qui lui eſt néceſſaire. A l'égard
de la boiſſon, fût-elle accoutumée à
boire toujours ſon vin pur, elle doit,
pendant ſa groſſeſſe, y mêler beaucoup d'eau, parce qu'il en eſt beaucoup plus rafraîchiſſant. Si, comme
l'aſſurent les plus ſavants Médecins,
toute boiſſon ſpiritueuſe doit toujours
être regardée comme un poiſon lent,
ç'en doit être ſans doute un ſubtil pour
une femme enceinte. Ainſi toutes
celles qui ſe trouvent dans ce cas,
doivent s'en abſtenir abſolument ; enfin j'ajouterai qu'une femme enceinte
ſeroit très-blâmable de ne pas éviter
de ſe trouver par-tout où il y a affluen-
ce de Peuple, de ſe mêler dans la
foule, & de s'expoſer au danger d'être
pouſſée, preſſée, ou de recevoir
quelque coup ; il faut ſi peu de choſe
pour faire périr un enfant dans le ſein
de ſa mere, ou du moins pour lui
contourner, démettre, ou rompre

quelque membre. Combien de ces petites créatures n'ont pas reçu le Baptême, par une suite de l'imprudence ou de la négligence de leurs meres !

---

§. VIII.

Importance des Sages-Femmes expérimentées.

LES mêmes inconvénients peuvent procéder auſſi de l'impéritie des Sages-Femmes ; & ſi l'Etat éprouve du dommage des ſoins peu judicieux que l'on prend à la Ville de bien élever la jeuneſſe, du peu d'attention que l'on apporte à tout ce qui regarde ſa conſtitution & à réprimer la fougue de ſes paſſions ; il n'a pas moins à ſouffrir des pertes qu'il fait au Village, où ces paſſions ſont moins communes, par un effet de la miſere, & du défaut des ſecours les plus indiſpenſables. Il eſt impoſſible d'apprécier les suites fâcheuses qu'occasionne l'ineptie des Accoucheuses, qui exercent leur profession sans avoir les qualités & les lumieres requises. Combien, hélas! de ces misérables qui ne sont pas plus expérimentées que la femme qui a été mere une seule fois.!! Cependant quelles circonstances peuvent exiger un secours & plus prompt & mieux entendu! il me semble que les Curés, pour le salut des ames, aussi-bien que le Magistrat, pour le bien de l'Etat, ne devroient souffrir en aucune façon, qu'une femme exerçât le Métier d'Accoucheuse, qu'au préalable elle n'eût, en leur présence, été duement examinée par un bon Médecin, ou un Chirurgien habile. Tels que la cire, les enfants sont en naissant susceptibles de toutes sortes de formes. La moindre pression faite à contre-sens, à leurs membres déli-cats, suffit pour leur causer un tort irréparable: & cette seule considération devroit suffire pour prouver combien il est important d'avoir d'habiles Sages - Femmes. Il est des pays où elles sont dans l'usage de passer la tête aux nouveaux-nés, comme pour lui donner telle ou telle forme ; mais à quoi peut on attribuer une telle extravagance, si ce n'est à la negligence, à l'étourderie, à la stupidité ? La Sage-Femme doit se garder soigneusement de comprimer aucune partie du corps, & sur-tout la tête. Ce n'est que dans le cas où elle pourroit prouver que la tête d'un nouveau-né a souffert quelque forte pression, qui lui a fait perdre sa forme naturelle, qu'elle doit mettre tous ses soins, toute son adresse à la lui rendre tout doucement & peu - à - peu. Mais si, pour se souftraire au blâme de mal remplir leurs devoirs, les meres & les nourrices s'accordoient à dire que tout ce que je leur prescris n'est pas de ma compétence, j'aurois à leur répondre, que MM. *Ballexſerd* & *Antoine Geco-peſi* ont donné ſur cette matiere des regles trop belles & trop utiles, pour ne pas mériter qu'on les ſuive, ſans aucune exception; & que l'un d'eux dit en propres termes, à la page 73 de ſa ſavante Diſſertation, qu'il ſeroit fort à propos d'exiger de MM. les Curés de campagne, qu'ils fuſſent aſſez verſés eux-mêmes dans cette matiere, pour inſtruire, au beſoin, tous ceux auxquels eſt confié le ſoin des enfants. Mais avançons.

§. I X.

Précautions néceſſaires à prendre après la naiſſance des enfants.

BEAUCOUP de femmes penſent que lorſqu'elles ſont accouchées heu-reuſement, le plus important de leurs devoirs eſt rempli ! Pour leur mon-trer quelle eſt leur erreur, il ſuffit de

leur prouver que ces devoirs commencent feulement alors : car, défor-
mais, les foins & les attentions ne
doivent que croître. Qu'un Jardinier
manque d'arrofer fes plantes, plus elles
feront jeunes & tendres, & plutôt elles
feront flétries & defféchées. Que l'on
laiffe croître un jeune arbriffeau, fans
lui donner un foutien, il ne fera plus
poffible de le redreffer, dès que fa
tige fera parvenue à une certaine grof-
feur. Telle qu'on voit une poule qui
protégeant fans ceffe fes pouffins contre les entreprifes de l'avide vautour,
veille encore continuellement à ce
qu'ils ne reçoivent aucun autre dommage : telle une bonne mere doit fe
montrer toujours pleine d'une tendre
follicitude pour le bien-être de fes enfants ; la moindre négligence de fa part
peut leur caufer un préjudice irréparable. La nature veut qu'une mere nour-
riffe elle-même fon fils ; & l'Ecriture-
Sainte le lui ordonne expreffément.

Nombre de meres fe plaignent du peu de tendreffe de leurs enfants pour elles! doivent-elles donc s'étonner qu'ils les connoiffent à peine, lorfqu'elles n'ont pas daigné les allaiter? Leur principale attention, à ce qu'elles prétendent, confifte à veiller à ce que la fervante, aux mains de laquelle elle les confie, ou plutôt les livre, en aient bien foin; ou fi ce moyen leur manque, elles ne craignent pas de les abandonner à d'autres petits enfants, & d'exiger qu'ils couchent le nouveau-né dans fon berceau, qu'ils le tiennent chaudement, le portent fur leurs bras, l'appaifent lorfqu'il crie, en un mot, qu'ils faffent tout ce qu'on pourroit attendre de la plus tendre mere. Nous verrons bientôt de quelle conféquence il eft que tout cela fe faffe convenablement : en attendant, je vais pourfuivre mes obfervations.

Si je n'ai jufqu'ici parlé que des meres, ce n'eft pas que je croie les

peres exempts de devoirs envers le
nouveau-né ; mais c'eſt que je penſe
que les principaux ſoins regardent les
premieres. Tous les deux doivent
ſans doute avoir toujours l'œil ou-
vert ſur l'enfant, ſur - tout dans un
âge auſſi tendre, s'ils veulent éviter
les ſuites funeſtes qui, comme je crois
l'avoir démontré, ne manqueroient
pas de réſulter de leur négligence. En
vérité je gémis, quand je penſe que,
pour leur propre commodité, ou pour
pouvoir vaquer plus librement à leurs
affaires, nombre de parents ſont dans
l'uſage de confier leur enfant à une
vieille femme qui, ſurchargée d'années,
peut à peine ſe ſoutenir elle-même ;
ou à de tout jeunes enfants qui n'ont
pas encore la force de les porter,
& qui, très-ſouvent, au lieu de ſe tenir près de lui, s'en vont d'un autre
côté folâtrer avec leurs camarades.
Qu'arrive - t - il ? que la malheureuſe
petite créature, ainſi cruellement aban-

donnée, rencontre la mort, ou tout au moins quelqu'accident qui lui cause un tort irréparable. Combien de ces innocentes victimes de la négligence, dont les membres délicats ont été impitoyablement déchirés par la dent meurtriere d'animaux immondes! Combien n'en avons-nous pas vus qui en ont été entiérement dévorés! Les parents peuvent-ils s'abuser au point de croire que des étrangers, des mercenaires, auront de leurs enfants tous les soins nécessaires, lorsqu'eux-mêmes paroissent s'en soucier si peu? Ah! une bonne mere ne compte sur personne pour remplir des devoirs aussi sacrés, elle est trop jalouse de s'en acquitter elle-même.

§.   X.

Ce qu'il faut faire pour rendre le corps
robuste.

SI les parents defirent que leurs enfants foient capables de foutenir le travail & la fatigue, & que loin d'être à charge à l'Etat, ils puiffent au contraire lui être utiles un jour ; s'ils veulent les fouftraire aux maladies que pourroient leur caufer le changement & l'intempérie des faifons, qu'ils évitent avec le plus grand foin de donner dans certains abus, que l'on ne voit que trop régner dans le genre de vêtements & de nourriture qu'on adminiftre d'ordinaire aux enfants, ainfi que dans les exercices de corps que l'on leur fait faire.

§. XI.

Du Maillot.

LE premier & le plus pernicieux abus à réformer est le maillot, dans lequel on a la cruauté d'emprisonner les enfants. De plusieurs habiles Ecrivains qui ont traité cette matiere, il n'en est aucun qui ne condamne absolument cet usage : tous s'accordent à dire qu'il n'est rien de plus capable de nuire à ces corps foibles & délicats, que de les garotter ainsi, & tous se fondent sur les raisons les plus solides. Hors de l'Europe il est plusieurs pays où les hommes, généralement bien constitués, ne sont point sujets à cette foule de maladies qui désolent tous nos climats, & où le maillot est absolument inconnu. Vit-on jamais, en aucun lieu de la terre, des hommes plus sains, plus forts, plus robustes, que le furent jadis les Spartiates ? Connoiſſons-nous aujourd'hui un Peuple d'une plus belle ſtature & d'une meilleure conſtitution que l'habitant de Siam ? Cependant ni à Sparte, ni à Siam, on ne s'aviſa jamais d'emmaillotter les enfants. L'Anglois, ce Peuple toujours empreſſé à profiter de tout ce que peuvent lui offrir d'utiles les Nations étrangeres, s'applaudit déjà d'avoir commencé à ſe défaire de l'uſage du maillot. Une perſonne du premier mérite, & qui a paſſé trente années de ſa vie à Conſtantinople, aſſure qu'il eſt fort rare de trouver un Turc boſſu, boîteux, ou qui ait les jambes torſes ; mais qu'au contraire ces défauts ſe rencontrent très-ſouvent parmi les riches Grecs qui ſont dans l'habitude de prendre chez eux des nourrices accoutumées à emmaillotter les enfants. Cette même perſonne ajoute qu'il eſt aiſé de reconnoître à leurs épaules étroites, & au peu de capacité de leur poitrine, ceux qui ont été traités ainſi dans leur enfance. En effet comment peut-on ne pas reconnoître qu'en comprimant ainſi la poitrine des enfants, on ôte aux poulmons toute leur liberté, & qu'il eſt impoſſible que la reſpiration ne ſoit fortement gênée ? Il eſt des pays, il eſt vrai, où l'on ne les tient pas long-temps au maillot ; mais il eſt ſi peu de meres qui ſachent l'employer, que ce temps eſt encore trop long. La plupart de ces femmes inconſidérées croient ne pouvoir jamais aſſez fortement preſſer, enlacer l'enfant, pour qu'il ne puiſſe, en aucune ſorte, ſe remuer dans ſes langes ; elles le ſerrent ſouvent au point de le faire devenir violet, & de lui ôter preſque juſqu'à l'uſage de la reſpiration. Meres cruelles ! ne voyez-vous pas la foule de maux que vous accumulez ſur les innocentes créatures que vous traitez ainſi ? ne voyez-vous pas que la foibleſſe, la langueur, la difformité vont être le fruit de vos barbares ſoins? Voulez-vous donner la mort à ces mêmes créatures auxquelles vous venez de donner l'être?

La nature eſt ennemie de la contrainte. Si l'on veut qu'elle ſe develoloppe dans un enfant, de maniere à le mettre un jour en état de gagner ſon pain à la ſueur de ſon front, il faut bien ſe garder de la gêner dans ſa marche; il faut bien ſe garder d'empêcher que le ſang ne circule en pleine liberté. Ah! ſi jamais il pouvoit dépendre de moi de porter les femmes à abandonner une coutume auſſi profondément enracinée, il n'eſt rien que je ne fiſſe pour les y engager; je mettrois ſous leurs yeux, avec le plus grand ſoin, les inconvénients innombrables qui en réſultent; je n'oublierois rien pour leur perſuader qu'en affranchiſſant leurs enfants de cette étroite priſon dans laquelle elles les enferment, ils en feroient beaucoup plus fains, beaucoup plus difpos; que toutes les parties de leur corps acquerroient une plus belle proportion, & qu'ils feroient à l'abri des atteintes cruelles de tous les maux, de toutes les maladies qui les affiegent d'ordinaire pendant leur vie; je les exhorterois à fe contenter d'envelopper leurs enfants dans des langes doux & fecs, fans les y ref-ferrer, d'y ajouter, lorfqu'il fait grand froid, une couverture de laine, en forte que la laine ne pût toucher à la peau de l'enfant, & de le coucher dans fon berceau, ainfi enveloppé, & tellement étendu & alongé, que tout fon corps portât à la fois dans toutes fes parties, & que fa tête ne fût pas trop élevée; mais les gens de la campagne font faits de maniere que quand une fois ils ont adopté une opinion ou formé quelqu'habitude, quelque chofe que l'on leur dife, quelque lumineufes

que foient les raifons que l'on apporte
pour les en diffuader, on ne fauroit les
porter à s'en défaire ; j'ai donc peu
d'efpoir de convertir les femmes qui
font ordinairement plus obftinées que
les hommes, & je me contenterai,
tout fimplement, d'avertir celles qui,
tout en fe croyant de bonnes & tendres meres , n'en font pas moins
cruelles , que fi elles veulent abfolument emmaillotter leurs enfants, elles
doivent du moins fe garder de les
ferrer & garotter auffi impitoyablement ; de plus , qu'elles aient attention plufieurs fois le jour de les affranchir de tous leurs liens & de les laiffer
quelque temps en liberté , s'agiter &
fe débattre ; du refte qu'elles les tiennent toujours dans la plus grande propreté.

Mais fi toutefois j'étois affez heureux pour qu'il fe rencontrât quelques
meres difpofées à fuivre mes confeils,
je me hâterois de leur dire que je ne

connois qu'un seul cas où il soit raisonnable d'emmaillotter un enfant, c'est
lorsqu'il y a lieu de croire que, par ce
moyen, l'on pourra remédier à quelques difformités ; mais dans ce cas
même on ne doit prendre ce parti
qu'après avoir consulté quelque Chirurgien habile.

Mais, dira quelqu'un, si vous mettez
dans son berceau un enfant sans l'emmaillotter, & que vous le laissiez ainsi
libre de prendre telle ou telle situation,
il sera bien plus dans le cas de se contourner quelque membre ou d'essuyer
tel autre accident.

Je réponds d'abord que, quand je
veux que l'on laisse à l'enfant la liberté
de ses membres, je n'entends pas pour
cela que l'on l'abandonne tout-à-fait
à lui-même ; en excluant le maillot,
je n'exclus pas les soins propres à
tenir l'enfant en sûreté dans-son berceau, à empêcher qu'il ne tombe où
qu'il lui arrive quelqu'autre accident;

en un mot, je crois que les efforts qu'il fait pour fe débarraffer de fes incommodes liens, fes pleurs, fes cris font infiniment plus capables de lui nuire que les prétendues mauvaifes pofitions qu'il peut prendre, jouiffant d'une certaine liberté. Ce qui m'affermit dans cette opinion, c'eft que je ne puis concevoir comment un enfant, dont les fens ne font occupés qu'à dormir la plupart du temps, & qui n'eft éveillé que par la faim ou par l'incommodité qu'il peut recevoir de fes langes, puiffe faire des mouvemens capables de préjudicier à fes membres. La liberté de s'en aider, pour s'agiter à fon aife, eft, pour un nouveau-né, ce qu'il y a de plus propre à lui donner des forces; il ne faut donc pas lui en ôter l'exercice, puifqu'il lui eft effentiel d'être fort.

§. XII.

De l'Habillement.

ON ne laisse pas toujours les enfants enveloppés de langes, il vient
un temps où il est à propos d'y substituer des vêtements, à la fois décents
& commodes, & propres à concourir
à l'objet que l'on ne doit jamais perdre
de vue, qui est de les rendre assez
robustes pour pouvoir soutenir un
rude travail : en conséquence, lorsqu'il
est question de les habiller, on a deux
points principaux à observer : 1°. que
les vêtements soient assez larges pour
que l'enfant y soit à l'aise ; 2°. qu'ils
soient assez légers pour qu'il n'y soit
pas trop chaudement. Le premier article est essentiel tant pour un plus
facile accroissement des membres que
pour laisser au sang une plus grande
liberté de circuler : le second épar-

gnera au corps des incommodités qu'il auroit à recevoir, & d'un poids inutile & d'une chaleur excessive.

§. XIII.

Inconvénients des Habits trop étroits, & sur-tout des Corps baleines.

QUANT au premier article, je dis que les vêtements doivent être larges, parce que j'ai souvent observé que les enfants ont des habits trop étroits, soit par la mal-adresse des Tailleurs, soit parce que l'on est trop économe sur l'étoffe : mais le plus grand inconvénient est sur-tout dans les corps garnis de baleine ou de bois. Je ne puis m'empêcher de regarder l'usage de cette sorte de harnois tant pour les filles que pour les garçons, comme une chose de la plus haute extravagance. Cette malheureuse invention n'est propre qu'à froisser, macérer le corps, & à caufer mille maux. J'en appelle au témoignage de la multitude des femmes qui en ont fait la trifte expérience : je ne crains pas qu'elles me démentent. Suivant l'opinion des plus habiles Médecins, c'eft une prifon dans laquelle les poulmons font à la gêne; qui foule & comprime les côtes, le diaphragme & la rate ; qui rend l'haleine courte & *mauvaife* : en un mot, qui eft la fource des vents, de l'afthme, & de divers autres maux de poitrine. Il eft même des Médecins qui prétendent que les corps baleinés caufent fouvent les convulfions.

Cependant, malgré tant d'incon-vénients, ils n'en tiennent pas moins à cœur à un fexe, qui, toujours ido-lâtre de fa parure, eft beaucoup plus foumis à l'empire de la mode, qu'à celui de la raifon. Combien d'engor-gements, d'évanouiffements, &c. cette pernicieufe machine n'a-t-elle pas caufés ! l'expérience journaliere attefte affez cette vérité ; car qu'une femme tombe en foibleffe, à peine l'a-t-on délacée, qu'elle revient à elle, & fe trouve foulagée. Ne voyons-nous pas nombre de jeunes perfonnes ne pouvoir fe baiffer, & ne refpirer qu'avec peine ? Combien en eft-il qui ne font contrefaites que pour s'être mis la poitrine dans cette efpece de torture ! Si, comme on ne peut le nier, toutes ces obfervations font juftes, peut-on être plus fondé à regarder les corps de baleine, comme très-préjudiciables à la fanté des enfants, & cela en proportion du plus ou du moins de forces qu'il leur eft important d'acquérir ? Quelle que foit là-deffus l'opinion de certaines perfonnes, je me réunirai toujours aux plus habiles Médecins, pour n'en pas confeiller l'ufage ; car il me paroît démontré que cette invention, loin de fortifier, n'eft propre au contraire qu'à affoiblir, à ruiner une bonne conftitution. D'ailleurs ſi nous conſultons divers Ecrivains, ils nous diront que les pays où l'on ne fait point porter de corps aux enfants, ſont ceux où les hommes ſont le mieux conſtitués & de la plus belle preſtance. Je ne me ſouviens pas d'avoir lu nulle part que les Anciens, dont le tempérament valoit bien le nôtre, aient jamais connu cet uſage. Mais veut-on ſe mettre en état de juger, par ſoi-même, des merveilleux effets de cette machine ? que l'on jette les yeux ſur un enfant qui pour la premiere fois en eſt enharnaché; on le verra ne pas ceſſer de ſe trémouſſer, de s'agiter juſqu'à ce qu'il ſoit parvenu à ſortir une épaule. Qu'arrive-t-il ? à force d'efforts il parvient à ſe procurer quelque ſoulagement; il s'accoutume enfin au harnois, mais l'infortuné devient inſenſiblement boſſu : la mere, qui s'apperçoit du mal, croit y remédier en lui donnant une piquure encore plus forte, qui n'aboutit qu'à

D iij

cacher un peu la défectuosité, en la rendant plus considérable encore. Cependant la poitrine de l'enfant fortement comprimée, il respire avec peine; les poulmons ne peuvent se dilater; le cours des humeurs est interrompu : tout son corps est à la torture.

D'après toutes ces observations, je ne puis assez louer les parents qui, au lieu d'étouffer ainsi leurs enfants dans des vêtements étroits & serrés, au lieu de les vêtir à la françoise, c'est-à-dire de leur donner des habits d'une tournure élégante, & tellement compassés, qu'ils semblent comme collés à toutes les parties de leur corps, se contentent au contraire de les vêtir d'une robe longue & ample, sans veste ni culotte. Ces gens-là sont fort sages d'en user ainsi, car les enfants ainsi vêtus, sont absolument libres de toutes leurs membres; ils ont la plus grande facilité de se mouvoir commodément : & la nature ne ſe trouve aucunement gênée dans ſes opérations. Mais ceux qui, pour ſuivre le torrent, veulent abſolument faire porter des culottes à leurs enfants, devroient du moins, ne pas oublier d'y ajuſter des bretelles. Cette petite invention eſt d'un excellent uſage, en ce qu'elle facilite tous les mouvements du corps, ainſi que la circulation du ſang. Il ſeroit même fort à ſouhaiter que l'on voulût prendre l'habitude d'en porter toute ſa vie.

Je ne ſais ſi je dois conſeiller aux Payſans de faire porter à la jeuneſſe, des ſouliers où le pied ſoit à l'aiſe, car ou ils ne lui en donnent point, ou ceux qu'ils donnent ſont plutôt trop larges que trop étroits.

§. XIV.

Inconvéniens des Habits trop pesants & trop chauds.

JE passe à la seconde qualité que j'exige dans les vêtements, laquelle je fais consister en ce qu'ils ne soient ni trop pesants ni trop chauds. Si quelques Paysans ne pechent pas contre cet article autant que d'autres, je crois que c'est plutôt par indigence que par toute autre cause ; car nous voyons en hiver les gens aisés surcharger d'habits la jeunesse, au point qu'ils semblent croire qu'elle ne sera jamais assez couverte. Ils se figurent que plus ils la tiennent chaudement, & plus ils lui font de bien, tandis que c'est précisément tout le contraire. Il est indubitable que rien ne peut plus contribuer à rendre les enfants robustes, que de les accoutumer au froid

dès leur plus tendre jeuneſſe. Lorſque nous venons au monde, notre
viſage eſt-il plus en état de le ſupporter, que toute autre partie du
notre corps ? Qui peut fortifier celle-
ci, la rendre preſqu'inſenſible aux impreſſions de l'air, ſi ce n'eſt l'habitude
de la tenir découverte ? On ſait que
la mere de Henri-le-Grand, Roi de
France, voulant former à ce jeune
Prince un bon tempérament, confia
ſon enfance à un Villageois, avec ordre
de le traiter en tout comme ſon propre fils, & que ce jeune Prince, par
l'habitude de courir par-tout & en
tout temps, pieds nuds & la tête découverte, avoit acquis tant de vigueur, qu'il fut infatigable toute ſa
vie.

Les parents commettent donc une
faute bien groſſiere, quand ils donnent
des bonnets fourrés à leurs enfants,
ſans conſidérer que les plus grandes
chaleurs de l'été, auxquelles ils ne

D v

craignent pas de les expofer, font tout
autant capables de leur nuire, que le
froid le plus vigoureux. Plufieurs excellents Médecins penfent que dès
qu'un enfant a des cheveux, on doit
en hiver le laiffer nuit & jour la tête
découverte, & même à la pluie; que
fi l'on veut abfolument la lui couvrir,
ce ne doit être tout au plus que d'un
très-léger bonnet ; qu'en été au contraire on devroit faire porter aux
enfants de petits chapeaux de paille,
qui fuffiroient pour préferver leur cer-
veau des rayons brûlants du foleil.

Mais que devons-nous penfer de
l'ufage qui commence à s'introduire
dans les campagnes & parmi le vulgaire, de porter des gants & des
mouchoirs? cette mode n'eft-elle pas
capable de produire diverfes incommodités, telles que les engelures qui
attaquent les doigts, les orteils, les
talons, les oreilles, le nez, les levres,
lorfque ces parties font expofées à

l'impreſſion ſubite d'un froid âpre &
piquant ? Si les enfants ſont ainſi dor-
lotés, ne ſeront-ils pas pour la plupart atteints de ce mal, dès qu'ils paſ-
ſeront du chaud au froid & du froid
au chaud ? N'eſt-il pas ſur-tout à
craindre pour les filles qui ont ſi alternativement la main nue & couverte,
& qui la plongent ſi ſouvent dans l'eau
chaude & froide, ſans même prendre
ſoin de la bien eſſuyer ? Il ſeroit ſuperflu de s'arrêter plus long temps à
prouver combien ce mal dont la douleur eſt très-cuiſante, ſe fait ſentir
nuit & jour ſans interruption, & qui
par fois eſt aſſez violent pour donner
la fievre, peut empêcher ceux qui en
ſont atteints de vaquer à leurs affaires. Ceux qui ont été incapables de
ſe remuer pendant un temps conſidérable, peuvent nous en dire des
nouvelles.

✳

D vj

§. XV.

Du Coucher.

S'IL y a du rifque à trop vêtir les enfants, il n'y en a pas moins à les furcharger de couvertures lorfqu'ils font couchés. Il eft vrai qu'en général on ne peut accufer les Payfans de pouffer à cet égard les chofes auffi loin que fur le refte, attendu que grand nombre d'entr'eux font à peine munis d'une paillaffe & d'une paire de draps, & que la plupart n'a pour fe couvrir pendant la nuit, & même par le temps le plus rude, que les habits qu'ils portent pendant le jour : cependant comme il en eft encore beaucoup qui mettent tout en ufage pour tenir leurs enfants très-chaudement au lit, je dois les avertir que cette habitude peut devenir la fource de divers engorgements, comme rhumes, rhumatifmes, tumeurs, &c. S'ils ne veulent pas m'en croire, ils peuvent là-deffus confulter les gens expérimentés; ils apprendront avec étonnement la foule d'inconvénients qu'entraîne après elle la mauvaife méthode de couvrir trop la jeuneffe. Tous les bons Médecins s'accordent à dire que le meilleur moyen de rendre les hommes forts & vigoureux, c'eft de les habituer, dès leur plus tendre jeuneffe, à fupporter le froid; & qu'au contraire trop de chaleur ne fert qu'à rendre le corps mou, délicat & foible; ils affurent de plus que pour les perfonnes élevées trop délicatement, rien n'eft plus dangereux que les changements de faifon.

Les gens de la campagne ne devroient trouver aucune difficulté à croire cette vérité, puifqu'ils ne peuvent pour ainfi dire faire un pas fans l'avoir fous les yeux. N'ont-ils pas mille occafions de remarquer fur les plantes l'effet du froid & du chaud, & combien le paffage fubit de l'un à l'autre leur eft préjudiciable ? Tous font en état d'attefter que dans le rigoureux hiver de 1766, celles des vignes qui, dans des terres grof-fieres, fe trouverent expofées à la bife, en furent moins endommagées que celles qui, fur un fonds fablon-neux & léger, furent expofées au foleil levant ou à celui du midi. Or comment cela s'eft-il fait, fi ce n'eft parce que le froid a pénétré bien plus facilement par-tout où la terre a été dilatée, amollie par quelques rayons du foleil, tandis que les cantons tou-jours expofés au froid, n'éprouvant aucune alternative, font toujours reftés au même état ? Qui ne fait pas que lorfqu'une fleur ou un arbre viennent à fleurir trop tôt, ils n'en font que plutôt gelés fi l'on vient à les tranf-porter dans un terrein bas & favora-blement expofé ?

On ne peut exprimer à quel point l'exercice & l'habitude peuvent contribuer à nous faire supporter l'excès du froid & du chaud. Les Anglois nous disent avoir vu, vers le détroit de Magellan, des sauvages travailler tout nuds, par un temps assez froid pour les faire trembler eux-mêmes de toutes leurs forces, quoiqu'ils fussent très-bien vêtus. Ils ajoutent que, hors du travail, ces mêmes peuples ont soin de se couvrir d'une peau de bête qui leur descend depuis les épaules jusques vers la moitié des cuisses. *L'Histoire des Voyages* nous apprend au contraire qu'à l'Isle de Malthe, climat brûlant, le jour le plus chaud ne cause aucune interruption dans les travaux, parce qu'on y est dans l'usage d'exposer les enfants nuds à la plus grande ardeur du soleil. Les inconvénients du froid & du chaud consistent donc dans le passage subit de l'un à l'autre ; donc les meres ont le plus grand tort, lorsqu'elles portent inconfidérément leurs enfants çà & là, & que fortant d'un lieu chaud, elles les expofent trop vîte à la fraîcheur de l'air.

§. XVI.

Des Bains froids & chauds.

Puisque j'en fuis à la maniere dont on doit s'y prendre pour endurcir la jeuneffe à la fatigue, & la mettre en état de foutenir aifément un jour les changements de faifon & le travail le plus affidu, je dois entrer dans l'examen d'une queftion fortement agitée de nos jours : favoir s'il eft à propos de plonger les enfants dans l'eau froide, ufage qui déjà s'eft introduit chez plufieurs Nations ? Mais avant d'aller plus loin, écoutons le célebre *M. Tiffot.* C'eft ainfi qu'il s'exprime dans la feconde partie de son excellent *Avis au Peuple*, §. 384.

« Tout le corps d'un enfant qui
» naît, est couvert d'une crasse qui
» vient de la liqueur dans laquelle il
» a vécu. Il est important de l'en dé-
» livrer d'abord, & il n'y a rien d'aussi
» bon que le mélange d'un tiers de
» vin avec deux tiers d'eau; le vin
» pur est dangereux. On peut réitérer
» ce lavage plusieurs jours de suite,
» mais c'est une très-mauvaise cou-
» tume que de continuer à les laver
» ainsi tiédement; & l'on augmente
» le danger, si l'on met du beurre,
» comme on ne fait que trop sou-
» vent, dans l'eau & le vin que l'on em-
» ploie. Si cette crasse paroît gluante
» & épaisse, il faut se servir d'une dé-
» coction de camomille avec du savon
» de la grosseur d'une noisette. La base
» de la santé, c'est la régularité avec
» laquelle se fait la transpiration. Pour
» obtenir cette régularité, il faut for-
» tifier la peau, & les lavages tiedes

» l'affoibliſſent ; quand elle a la force
» néceſſaire, elle fait toujours ſes fonc-
» tions, & la tranſpiration ne ſe dé-
» range pas à chaque changement de
» temps. L'on ne doit donc rien né-
» gliger pour la mettre dans cet état ;
» & pour parvenir à ce point impor-
» tant, il faut laver les enfants, peu
» de jours après leur naiſſance, avec
» de l'eau froide, telle qu'on l'ap-
» porte de la fontaine.

» On ſe ſert d'une éponge, & l'on
» commence par le viſage, enſuite les
» oreilles, le derriere de la tête, on
» évite la ſoutanelle, le cou, les reins,
» tout le corps, les cuiſſes, les jambes,
» les bras ; en un mot on les lave
» par-tout. Cette méthode uſitée il
» y a tant de ſiecles, & pratiquée de
» nos jours par pluſieurs Peuples qui
» s'en trouvent très-bien, paroîtra ré-
» voltante à nombre de meres ; elles
» croiront tuer leurs enfants, & elles
» n'auront pas le courage ſur-tout de

» réſiſter aux cris qu'ils ſont ſouvent
» les premieres fois qu'on les lave;
» mais ſi elles les aiment véritable-
» ment, elles ne peuvent pas leur
» donner une marque plus réelle de
» leur tendreſſe qu'en ſurmontant
» en leur faveur, cette répugnance.

» Les enfants foibles ſont ceux qui
» ont le plus beſoin d'être lavés ; les
» très-robuſtes peuvent s'en paſſer ;
» & l'on ne peut croire qu'après
» l'avoir vu ſouvent, combien cette
» méthode contribue à leur donner
» promptement des forces. J'ai le plai-
» ſir de voir, depuis que j'ai cherché à
» l'introduire, que pluſieurs meres,
» les plus tendres & les plus raiſon-
» nables l'ont employée avec le
» plus grand ſuccès. Les Sages-Fem-
» mes qui en ont été les témoins,
» les Nourrices & les Filles d'enfants
» qui en ont été les exécutrices, la ré-
» pandent : & ſi elle peut devenir gé-
» nérale, comme tout me l'annonce, je

» fuis perfuadé qu'en confervant un
» grand nombre d'enfants, elle con-
» tribuera à arrêter les progrès de la
» dépopulation. Il n'y a peut-être
» point de Villes où les enfants foient
» auffi généralement bien portants
» qu'ils le font ici depuis dix à douze
» ans.

» Il faut les laver très-réguliére-
» ment tous les jours, tel temps &
» quelque faifon qu'il faffe ; & dans
» la belle faifon, les plonger dans des
» fceaux d'eau, dans des baffins de
» fontaine, dans des ruiffeaux, dans
» des rivieres, dans un lac.

» Après quelques jours de pleurs,
» ils s'acoutument tous fi bien à cet
» exercice, qu'il devient un de leurs
» plaifirs, & qu'ils rient pendant toute
» l'opération.

» Le premier avantage de cette
» méthode, c'eft, comme je l'ai dit,
» d'entretenir la tranfpiration, & de
» rendre moins fenfible aux impref-

» fions de l'air ; mais de ce premier
» avantage il réfulte qu'on les préferve
» d'un grand nombre de maux, fur-
» tout de la nouure, des obftructions,
» des maladies de la peau & des con-
» vulfions, & on leur affure une fanté
» ferme & robufte ».

Fort bien ; mais avec M. le Docteur
Pel grini, qui a fi bien traduit l'excellent Ouvrage de *M. Tiffot*, & avec
plufieurs autres Médecins très-experts,
je dirai que les enfants font quelquefois fi foibles, ont un tel befoin de
chaleur, de frictions, de chofes for-
tifiantes pour les empêcher de mourir
de foibleffe, que l'on eft bien forcé
de s'abftenir de les baigner (1) ainfi,
fur-tout lorfque leurs cris aigus, leur
tremblement extraordinaire donnent
lieu d'appréhender de fâcheufes fuites.

____

(1) Si l'Auteur s'étoit donné la peine de lire la
note qui fe trouve au bas du paffage qu'il vient
de citer, il auroit vu que *M. Tiffot* fait cette même
exception, & dans les mêmes termes.

Il eſt donc des circonſtances telles que *M. Tiſſot* les aura ſans doute obſervées lui-même, dans leſquelles ce lavage ſeroit dangereux.

Mais ſuppoſons qu'il ſe trouve des meres qui ne veuillent, en aucune occaſion que ce puiſſe être, laver leurs enfants à l'eau froide, feroient-elles ſi mal de leur donner, ſinon des bains de pieds d'abord à l'eau tiede, puis ſucceſſivement à l'eau froide? Il me ſemble qu'en fait d'habitude on doit toujours avoir pour principe de procéder d'une maniere preſqu'inſenſible pour que notre corps puiſſe s'y faire d'autant plus aiſément. Ceux qui ont l'expérience des bains de pieds, aſſurent que les enfants s'y plaiſent beaucoup, & que cette méthode, employée journellement, eſt très-propre à les préſerver des incommodités qu'ils pourroient avoir à craindre de l'intempérie des ſaiſons. Il ne ſeroit pas moins utile, comme nous l'avons dit §. 15ᵉ, de les laisser courir pieds nuds & vêtus à la légere. J'ajouterai encore un mot à l'égard des bains foids, c'est que l'on doit bien se garder de l'employer lorsque l'enfant sue ou qu'il est fort échauffé.

§. XVII.

De la Propreté.

Q U E les meres jalouses de la santé de leur enfants, aient grand soin de les tenir proprement & d'affranchir leur corps de toute espece d'ordures. Personne ne sait mieux que les Paysans combien cette attention est nécessaire pour maintenir les animaux sains & en état de rendre les services que l'on attend d'eux. L'expérience qu'ils ont là-dessus, doit leur servir de regle à l'égard de leurs enfants. J'exhorte donc les meres à les laver, peigner, brosser avec le plus grand soin, & de n'en pas moins apporter à ce que leur linge, & tout ce qui eſt dans le cas de toucher la peau, ſoit propre; elles doivent ſur-tout changer de langes les petits enfants dès qu'ils ſe ſont ſalis, à cauſe du mauvais air qu'ils reſpire-roient, & de certains petits boutons qui, en leur cauſant des démangeai-ſons, les incommoderoient beaucoup; c'eſt auſſi en quoi conſiſte un des avan-tages de ne point emmailloter les en-fants, parce que l'on eſt d'autant plus à portée de ſavoir quand ils ont be-ſoin d'être changés.

§. XVIII.

Des Aliments.

UN des principaux points à obferver dans l'éducation phyfique, eft,
comme nous avons dit, §. 11e, la
nourriture. C'eft elle qui contribue le
plus à notre accroiffement ; mais
comme c'eft auffi dans le choix &
dans la maniere dont on l'adminiftre,
que gît toute la difficulté, il s'enfuit
qu'on ne fauroit faire trop d'attention
aux différentes qualités & propriétés
des aliments. Plus la nourriture eft
fimple & de facile digeftion, plus elle
eft adminiftrée réguliérement & plus
elle eft faine. Nous allons traiter plus
amplement cette matiere dans les Sec-
tions fuivantes.

E

§. XIX.

*Le lait est pour les enfants de Paysans,
la nourriture la plus naturelle.*

ON a observé que les pays où l'on
trouve le plus de Paysans robustes,
sont ceux où l'on nourrit plus de bestiaux ; d'où cela peut-il venir, si ce
n'est de l'abondance de lait que four-
nissent ces pays-là ? Mais, dira-t on,
n'est-ce pas plutôt au climat qu'il en
faut rapporter la cause ? Je réponds
que non, parce qu'on peut remarquer
que dans les mêmes Villages les jeunes
gens ne sont pas également bien portants ; & que ceux qui sont élevés dans
les maisons où l'on a le plus de bétail, & par conséquent de lait, sont
ceux qui jouissent de la meilleure
santé ; d'où je conclus que le lait est
la nourriture la plus convenable aux
enfants de Paysans, & sur-tout aux

garçons ; & comme c'eſt auſſi la premiere qu'un enfant reçoive, ſa mere
doit tout mettre en uſage pour la lui
fournir en abondance & de la meilleure
qualité. C'eſt à quoi elle parviendra
d'autant mieux, en obſervant tout ce
que nous avons dit ci-deſſus, §. 8ᵉ. Mais
dans le cas où une mere ne pourroit
allaiter ſon enfant, parce qu'elle auroit perdu ſon lait, parce qu'il n'auroit pas les qualités requiſes, ou par
toute autre cauſe, elle doit avoir
recours à une autre femme qu'elle
choiſira ſaine, bien conſtituée & de
bonnes mœurs, ou donner à l'enfant
une autre nourriture. Je dirai, à ce
ſujet, comment en uſent les femmes
Ruſſes & celles d'Irlande. Dans ces
pays-là les femmes n'allaitent que huit
à quinze jours, après quoi elles couchent l'enfant par terre, & munies
de lait de vache, elles lui en font
avaler, au moyen d'un petit chalu-
meau qu'il ſuce toutes les fois qu'il

E ij

en a befoin. Si je rapporte cet ufage, ce n'eft pas en vue de le faire
adopter à nos femmes, mais feulement
pour leur montrer qu'en cas de néceffité on peut fubftituer une autre
nourriture au lait de la mere. La nature en général a pourvu les meres
d'un fi bon moyen d'appaifer leurs
enfants, qu'elles feroient inexcufables
d'employer celui-ci fans des raifons
de néceffité indifpenfable. Celle qui
feroit capable de fe débarraffer ¡lé-
gérement du premier de ces devoirs,
celui d'allaiter fon enfant & d'en prendre foin, me paroîtroit pire qu'une
bête féroce; car nous avons mille
exemples de la tendre follicitude de
celles-ci envers leurs petits; témoin
cette panthere, qui ayant vu tomber les
fiens dans une foffe profonde, & ne
fachant comment les en tirer, courut
à un homme qu'elle apperçut de loin,
& ne ceffa de le careffer, de le lécher,
de le tirer par fon habit, jufqu'à ce

qu'elle l'eût amené jusques sur le bord de la fosse, dont l'aspect fit comprendre à l'homme ce que l'animal desiroit. O meres ! meres trop indifférentes , quels exemples pour vous ! lisez & rougissez.

§. XX.

Quelle nourriture on doit donner aux enfants, outre le lait.

PENDANT que l'enfant tette encore, & après qu'il est sevré, on lui donne de la bouillie. Plusieurs excellents Médecins proscrivent cet aliment comme nuisible, mais nombre d'autres, non moins savants & peut-être plus expérimentés, combattent cette opinion par des raisons très-fortes. Ils disent, d'après l'expérience, que la bouillie n'est pas aussi nuisible que le prétendent ses antagonistes, & que lorsqu'elle n'est composée que

de lait & de farine, ou de pain broyé,
elle contribue beaucoup à former
aux enfants un bon tempérament &
à les rendre robustes ; cela me feroit
croire que l'on doit attribuer les pré-
tendus inconvénients de la bouillie à
d'autres causes qu'à cet aliment consi-
déré en lui-même. Toutes les meres ne
se donnent pas la peine de tenir duement net & propre le vaisseau qui leur
sert à la faire ; toutes aussi ne savent pas
la meilleure maniere de la faire cuire ;
d'autres sans manquer à ces deux conditions, n'en commettent pas moins
une faute très-grossiere, en ne cessant
d'engorger & bourrer l'enfant, au point
que la pauvre petite créature peut à
peine avoir le temps d'avaler ; il n'est
pas étonnant alors que son petit estomac ne puisse digérer cette *surabondance de nourriture* ; mais que la bouillie,
composée comme nous l'avons dit,
soit bien faite, bien cuite ; que l'on
n'en donne pas trop à la fois, je suis

perſuadé qu'elle ſera plus profitable
que nuiſible, en ce qu'il me paroît
à propos d'accoutumer de bonne heure
l'enfant à l'eſpece de nourriture qui
ſans contredit lui eſt le plus analo-
gue, & qui doit être pendant toute
ſa vie ſon principal aliment. Pour
que la bouillie ſoit bonne, on doit ſe
munir de farine qui ne ſoit pas trop
nouvelle, la bien délayer avec le lait
dans un vaiſſeau *ſpacieux*, & ne ceſſer
de remuer ſur le feu, juſqu'à ce que
le tout ſoit bien cuit. C'eſt alors que
l'on peut s'aſſurer que la bouillie
ſera bonne ; au lieu que ſi l'on ne fait
pas ſuffiſamment cuire la farine, ce ne
peut être qu'un aliment peſant, indi-
geſte : c'eſt une colle qui n'eſt propre
qu'à engendrer les vers.

§. XXI.

Quelle est la nourriture la plus convenable aux enfants dans un âge plus avancé.

Lorsque les enfants ont des dents, il convient de leur donner une autre nourriture, que l'on fera consister encore en mets composés de lait ou de divers herbages; & dès qu'une fois ils auront des dents mâchelieres, on pourra y substituer une nourriture plus solide. Les aliments des premiers hommes n'ont été que l'eau & les plantes que la terre produit naturellement, encore aujourd'hui plusieurs Nations n'en ont pas d'autres. Il y a même des gens qui pensent que les premiers hommes, ainsi que les autres animaux, n'ont vécu que d'herbe; mais comme on est sûr qu'ils se sont servi de lait, & même de la chair des

animaux, il eſt queſtion de ſavoir ſi
l'on peut, ſans inconvénients, accoutumer les enfants indifféremment à
la viande & au laitage? Les opinions
ſont partagées là-deſſus. Pour moi,
je ſerois aſſez de l'avis de ceux qui
veulent que dans les premieres années
on évite de leur donner de la viande;
mais il m'importe peu d'examiner à
quel point cette opinion eſt fondée,
puiſqu'il n'eſt pas à craindre que nos
Payſans qui mangent ſi rarement
de la viande, en donnent trop à leurs
enfants.

§. XXII.

Des Fruits.

LA jeunesse a naturellement beaucoup de goût pour les fruits , mais il est difficile de rien statuer à cet égard. Il est des parents si jaloux de la santé de leurs enfants, qu'ils poussent le scrupule jusqu'à ne leur pas permettre d'en manger du tout, ou qui du moins leur en donnent en très-petite quantité, sur-tout lorsque le cours de ventre regne parmi le Peuple; d'autres au contraire, dès que les fruits sont mûrs, non seulement leur permettent d'en manger tant qu'ils en veulent, mais même tout le temps qu'ils durent ne leur donnent rien autre chose. Tous se trompent également : les uns, parce que, suivant M. *Tissot* & d'autres savants Médecins, il n'est point de préjugés plus faux que de croire les fruits capables de caufer ou d'augmenter le cours de ventre, & que les fruits verds peuvent bien donner la colique, le dévoiement & d'autres maladies, mais jamais un cours de ventre contagieux. Les autres ne fe trompent pas moins groffiérement, en ce que non feulement les Médecins, mais toutes perfonnes fenfées s'accordent à dire que rien n'eft plus mal-fain que le fruit, lorfqu'il n'eft pas bien mûr, & que par leur conduite ils forcent fouvent leurs enfants à voler des fruits pour appaifer leur faim ; de forte qu'exercés de bonne heure au larcin, dans des chofes de peu de conféquence, ils ne s'y livrent que trop dans la fuite, pour des objets d'un plus grand prix.

En général tout aliment verd eft fans doute plus difficile à digérer que lorfqu'il eft cuit, mais ce n'eft pas à dire pour cela qu'il faille inter-

dire l'ufage du fruit aux jeunes Payfans, à qui cette nourriture eft fur-
tout profitable à plus d'un égard. Le
fruit, quand ils en uferont avec tem-
pérance, leur rafraîchira le fang en
appaifant leur foif, qui eft toujours
dans cette faifon, à raifon de la chaleur & du mouvement qu'ils fe donnent, plus confidérable que dans tout
autre temps ; mais il faut avoir foin
que le fruit foit mûr & de bonne
qualité, & que l'on ne s'en engorge
pas, fur-tout quand l'eftomac eft déjà
rempli de quelques autres aliments.
D'ailleurs on peut accoutumer les enfants à n'en jamais manger qu'avec
du pain, alors on pourra s'affurer
qu'ils en mangeront moins, & qu'il
leur fera moins nuifible. Interdire le
fruit aux enfants, c'eft leur en donner
plus d'envie ; & fi dans ce cas les perfonnes ne peuvent pas les garder à
vue, il eft fûr qu'ils n'épargneront rien
pour fe dédommager de cette con-

trainte fur les fruits verds qu'ils pourront attraper dans les champs ou les jardins du voifinage. Tout le monde croit que les fruits verds, féchés au foleil ou au four, ne font plus malfaifants; il feroit donc fort à propos de faire bouillir dans l'eau de ces fruits ainfi defféchés, & d'en faire la boiffon ordinairé des enfants.

§. XXIII.

De la Boiffon des enfants.

LA bonne eau pure & claire de fontaine me paroît à la fois la boiffon la plus commode & la plus faine à donner aux enfants. Grands imitateurs de leur naturel, & tenant à cet égard alternativement de l'homme & de la bête, il n'eft pas rare d'en voir, à l'imitation des animaux, fe coucher par terre & fe défaltérer de l'eau bourbeufe & croupiffante des ornieres. J'en

ai vu moi-même plus d'un faire ce
petit manege. Or je laiſſe à juger de
l'effet qu'une pareille boiſſon doit faire
ſur leur ſanté. Cependant les parents
voient tous les jours ces abus ſans y
mettre ordre; mais ils font, à l'égard
de la boiſſon, une faute peut-être encore plus repréhenſible.

Il n'eſt rien de plus dangereux que
de boire froid lorſqu'on eſt échauffé :
les gens expérimentés nous diſent qu'il
n'en faut pas davantage pour cauſer des
indigeſtions, la fievre & des inflam-
mations de poitrine. Je crois donc devoir exhorter ici les parents à ne laiſſer jamais boire leurs enfants, lorſqu'ils
ont chaud, avant de leur avoir fait
manger quelque bouchées de pain. Il
ſera facile de leur faire contracter cette
habitude, ſi l'on a ſoin de ne jamais
leur permettre de boire, aux repas,
avant d'avoir mangé. Il en réſultera
même un autre avantage, c'eſt qu'ils
ceſſeront de vouloir, ſans néceſſité,

imiter leurs camarades lorſqu'ils les verront boire.

Mais un abus des plus pernicieux, & qui peut entraîner un jour la jeuneſſe dans les plus grands écarts, c'eſt en lui faiſant connoître toutes ſortes de boiſſons, de la porter à l'ivrognerie. L'homme n'eſt en général que trop enclin à manger & à boire plus qu'il n'a beſoin. Que l'on faſſe boire un enfant pluſieurs jours de ſuite, & l'on verra qu'il aura peine à s'endormir, ſi l'on manque de le faire boire avant de le coucher ; je crois même que cette habitude pourroit prendre à la fin tant de force, qu'il voudroit bientôt boire à toute heure.

§. XXIV.

Du Vin & des autres Boissons fortes.

ON doit bien se garder d'accoutumer la jeunesse à boire du vin. Tous les Paysans ont en général la folie de croire que l'eau débilite l'estomac, & que rien n'est plus propre à lui donner du ressort & à fortifier toute la machine que le vin (1) & toutes les liqueurs fortes, d'où il arrive qu'ils ne dédaignent rien tant que l'eau, & que ceux qui sont en état de se procurer du vin, non seulement en boivent outre mesure,

(1) Sont-ils donc si fous de croire ce que l'expérience leur apprend tous les jours ? Le vin est sans doute nécessaire à tout homme qui fatigue beaucoup, non pas parce qu'il donne des forces, mais parce qu'il tend la fibre, ce qui revient au même. Travaillez sans relâche à un ouvrage pénible, & ne buvez que de l'eau, vous verrez comme vous vous en trouverez.

mais encore en donnent à leurs enfants autant qu'ils en defirent, même dans l'âge le plus tendre. Aveugles & cruels parents ! comment l'expérience ne vous apprend-elle pas que l'excès des boiffons fortes, loin de fortifier le corps, l'affoiblit au contraire, & lui caufe même fouvent des maladies mortelles ?

Mais, dira quelque buveur, le cas eft rare ; en vain prétend-on nous perfuader que l'eau, ou toute autre boiffon non fpiritueufe, fortifie plus que le vin, nous favons le contraire; & puis que deviendroient nos travaux ?

Mais l'expérience ne nous apprend-elle pas que l'on ne voit nulle part des Payfans plus vigoureux (1), plus fains, plus laborieux que dans les

____

(1) Cette affertion me paroît toute auffi hafardée que l'autre ; j'ai au contraire toujours vu les Payfans plus vigoureux dans les pays de vignobles que dans les autres.

contrées où il n'y a point de vignes & où il se boit peu de vin? C'est une observation que tout le monde peut faire. Je conviens que le vin & les autres boissons spiritueuses, en fortifiant le corps, éveillent & excitent le courage, mais ce feu ne dure pas; c'est un éclair qui ne fait que passer. Je ne nie pas qu'un verre de vin, un trait d'eau-de-vie n'aient la vertu de rendre un homme, & plus alerte & plus dispos; mais ce même homme n'en sera bientôt que plus paresseux & plus foible. Il me semble que l'on peut comparer les gens adonnés à cette sorte de boisson, à ceux qui sont gouvernés par quelque passion vive; par exemple, dans le feu de la colere, il est possible qu'un homme leve de terre un poids qu'il ne pourroit remuer de sens-froid; mais attendez que cette premiere chaleur de son emportement soit passée, & vous le verrez plus foible qu'auparavant.

Si les Payſans ſe figurent que le vin eſt ſi néceſſaire pour les ſoutenir dans leurs travaux, qu'ils ſachent que la difficulté qu'ils éprouvent à s'en paſſer, vient beaucoup plus de l'habitude qu'ils ont d'en boire, que des forces prétendues qu'il leur donne; que, loin d'accoutumer leurs enfants au vin dès leur plus tendre jeuneſſe, ils ne leur donnent au contraire jamais que de l'eau, du lait, & les aliments qui leur ſont propres, & ils verront qu'ils ne ſeront pas moins vigoureux, que le ſont les habitants de tous les pays, où l'on ne boit pas une goutte de vin. L'ivrognerie ne décide pas ſeulement de la ſanté, mais encore de toute l'économie. Il eſt bien rare de trouver un pere de famille ſujet à ce vice, dont le tempérament & les affaires ſoient en bon état; ſans parler du mauvais exemple qu'il donne à ſes enfants, toujours prêts à l'imiter, mais ſur-tout, malheur à la famille, dont la mere est adonnée à ce vice honteux !... Je conclus donc que l'on ne doit donner à la jeunesse ni vin, ni autres boissons fortes ; & s'il pouvoit se rencontrer des cas où ces liqueurs pussent lui servir de médecine, il faudroit au préalable consulter un Médecin, ou quelque personne sage; car je soutiens qu'il est très-peu d'occasions où elles ne soient aux enfants, plus nuisibles que profitables.

§. XXV.

Il ne faut aux enfants ni trop ni trop peu de nourriture.

C'est peu de connoître la nourriture la plus propre à la jeunesse, si, comme nous l'avons dit, §. 19, l'on ne sait pas l'administrer à propos. Pour éviter toute erreur à cet égard, on a deux choses à observer : la premiere confiſte dans la maniere, la ſeconde eſt relative au temps.

Quant au premier article, il eſt indubitable que les enfants ne peuvent acquérir des forces, ſi l'on ne leur donne aſſez à manger lorſqu'ils croiſſent. En effet, ſi l'on fait attention aux enfants, dont les peres ſont trop pauvres pour leur fournir une nourriture ſuffiſante, on les voit d'ordinaire, maigres, haves, ſans vivacité : on n'eſt jamais plus à portée de connoître la différence qu'il y a entre les enfants dont les peres ſont aiſés, & ceux dont les parents ſont miſérables, que lorſque l'on viſite les écoles de Village. Un enfant a beſoin de nourriture, en proportion de ce qu'il croît plus ou moins, & relativement auſſi à l'air plus ou moins vif & pur qu'il reſpire. Mais quoique M. *Mead*, célebre Médecin Anglois, penſe qu'en fait de nourriture, la diſette eſt plus préjudiciable que l'abondance aux jeunes villageois, en ce que la nature qui ne manque pas de moyens de fe débarraffer du fu-perflu, n'en a aucun pour fuppléer entiérement au défaut de fubftance : il ne s'enfuit pas qu'il faille bourrer l'eftomac de la jeuneffe. Il eft éga-lement dangereux de lui donner trop que trop peu. Ceux qui croient aug-menter les forces des enfants, en ne ceffant de les faire manger, fe trom-pent bien groffiérement ; car, comme l'a judicieufement remarqué M. *Tiffot* :

« On s'imagine que plus les en-
» fants mangent, & plus ils pren-
» nent des forces ! il n'eft point de
» préjugé qui leur foit plus funefte,
» cette furabondance d'aliments qu'ils
» ne peuvent digérer, ruine bientôt
» leur eftomac, de là les obftructions,
» les engorgements dans les humeurs ;
» toute la machine devient languif-
» fante & foible, la fievre maligne
» s'allume, & l'enfant périt ».

Les enfants ne font d'ordinaire que trop voraces, qui voudroit contenter leur appétit déréglé, ne le pourroit fans doute qu'aux dépens de leur fanté. Mais il eft facile d'éviter le danger auquel les expofe cette infatiable faim. Un enfant ne ceffe-t-il de vous importuner, pour que vous lui donniez à manger ? Eh bien ! donnez-lui de ce dont vous faurez qu'il fe foucie le moins, du pain fec, par exemple, vous verrez bientôt fi fes importunités viennent d'une faim réelle, ou feulement de franchife. En un mot, il faut un certain milieu ; autant font blâmables ceux qui ne ceffent de bourrer & de remplir les enfants fans aucune mefure, autant font condamnables ceux qui leur laiffent fupporter la faim.

Entr'autres abus que j'ai obfervés dans les Villages, un fur-tout m'a paru très-dangereux. Les meres de famille font fouvent le matin, la cuifine pour tout le jour, quelquefois pour plus long temps : & enfuite laiffent tout ce qu'elles ont fait cuire & apprêté, fur le foyer fans le renfermer, puis vont à leurs affaires. Qu'arrive-t-il ? les enfants qui reftent à la maifon, profitent de l'abfence de la mere, & fe donnent à cœur joie de tout ce qu'ils trouvent : premier inconvénient. Ces enfants, habitués à manger ainfi à toute heure, ne peuvent plus fe raffafier étant grands : fecond inconvénient. Quelquefois ces aliments très-falés, féjournent long-temps dans des vaiffeaux de cuivre : troifieme inconvénient.

Je ne finirois pas, fi je voulois entrer dans le détail de toutes les fâcheufes fuites que peut entraîner cette négligence des meres. Je m'en tiens à ces trois obfervations, qui fuffifent feules pour le prouver. Il ne faut qu'un peu de bon-fens, pour

voir

voir d'un coup-d'œil à quoi peut
tendre la premiere. Quel défordre
n'eft pas capable d'apporter dans l'économie l'habitude de manger à toute
heure ? Tous ceux qui font dans le
cas d'avoir des ouvriers à nourrir,
favent s'il eft facile de les contenter
avec quatre repas par jour. Enfin
quelle foule d'inconvénients n'a-t-on
pas à craindre de cette mauvaife méthode d'apprêter à la fois tant d'aliments, & de les laiffer féjourner dans
des uftenfiles de cuivre ! Nous avons
tant d'exemples d'accidents funeftes
caufés par ce fol ufage, qu'il eft impoffible d'en douter; je n'en citerai
qu'un feul, que je tire des *Mémoires de l'Académie des Sciences de
Paris.*

Une femme ayant été ouverte immédiatement après une mort fubite,
on lui trouva les inteftins excoriés,
& prefqu'entiérement troués : elle
avoit mangé peu d'heures auparavant,

d'un foie cuit dans une casserole de cuivre.

Quoique les vases de ce métal soient moins dangereux lorsqu'ils sont bien étamés cependant tous les Médecins s'accordent à les condamner, même dans ce cas, comme étant toujours préjudiciables à la santé.

Ce que j'ai dit de la modération dans les aliments, doit aussi s'entendre de la boisson. A cet égard, il n'est question que de chercher à réparer ce que les jeunes gens perdent par la transpiration que leur cause un mouvement continuel; non seulement il est à propos qu'ils ne contractent pas la mauvaise habitude de trop boire : mais c'est qu'une surabondance de boisson n'est propre qu'à augmenter le volume des humeurs qui chez eux n'est ordinairement que trop considérable.

§. XXVI.

*Regles générales à observer pour bien ad-
ministrer aux enfants leur nourriture.*

POUR que les parents, & sur-tout
les meres, puissent d'autant moins se
tromper sur un objet de cette importance, j'ai cru devoir poser quelques
principes généraux d'une pratique
simple & aisée, qui puissent servir de
regles dans la maniere dont on doit
s'y prendre pour administrer à propos
la nourriture à la jeunesse.

1°. Lorsqu'on commence à donner
à manger à un enfant, il faut pendant quelques semaines que ce soit
souvent, peu à la fois, & autant qu'il
est possible, choisir une place où l'air
circule librement. On peut lui donner
d'abord de deux en deux heures, &
rendre peu-à-peu les intervalles plus
longs, à mesure qu'il avance en âge,

& en proportion de la quantité de lait qu'il tette ; mais il faut bien fe garder de jamais l'éveiller, pour mettre d'autant plus d'exactitude à la chofe ; le befoin l'éveillera affez quand il en fera temps.

2°. A mefure que l'enfant croît, il faut lui donner plus à la fois, mais moins fouvent. L'effentiel eft de l'accoutumer à ne manger qu'à certaines heures ; car il eft probable que, s'il eft réglé à cet âge, il le fera étant grand. Il n'eft que trop ordinaire à ceux qui ont été négligés dans leur enfance, non feulement de vouloir manger à toute heure, mais encore d'avoir un appétit très-déréglé.

3°. Que les premiers aliments que l'on donne à un enfant, foient tels qu'il n'ait pas plus de peine à les digérer, que le lait dont il s'eft nourri jufqu'alors ; ce n'eft pas qu'il lui faille une nourriture trop recherchée, la plus fimple eft la meilleure. Tout ce qui eſt propre à lui former un bon tempérament doit être préféré ; mais il faut éviter avec grand ſoin les indigeſtions, comme ce qui contribue le plus à ruiner l'eſtomac.

4°. Les aliments doivent être bien cuits, proprement apprêtés, & plutôt tiedes que chaudes ; nous verrons bien-tôt combien la propreté influe ſur la ſanté. Quant à manger ou boire trop chaud, nous voyons communément que les perſonnes qui ont cette mauvaiſe habitude, ont auſſi l'eſtomac mauvais, & ſont, de plus, ſujettes aux maux de dents, tandis que ceux qui ont l'habitude contraire, ont l'eſtomac très-bon & les dents ſaines.

5°. Ayez ſoin que l'enfant n'avale pas les morceaux ſans les avoir bien mâchés; accoutumez-le de bonne heure à manger lentement ; non ſeulement les aliments bien broyés ſont d'une plus facile digeſtion, mais ils font un meilleur chyle. Il faut cependant à cet égard, éviter de donner dans un certain excès; s'il est préjudiciable à la santé de manger trop vîte, l'habitude opposée n'est pas moins blâmable, en ce qu'elle décele un fond de paresse. Certains Paysans quand ils mangent, même les choses les plus faciles à mâcher, ont l'air de dormir : ordinairement tels on les voit à table, tels ils font au travail.

6°. Quoique j'aie dit, §. 26, qu'il est à propos de donner à manger aux enfants aussi souvent qu'ils ont faim; il ne faut cependant pas croire que l'on doive sur le champ les satisfaire dès qu'ils crient, ou qu'ils demandent avec importunité. En condescendant ainsi toujours à leurs desirs, on risqueroit de les rendre gloutons & déréglés. Il est très à propos au contraire de les habituer de bonne heure à souffrir un peu la faim de temps en temps, parce qu'il peut souvent arriver que dans la suite ils n'aient pas autant à manger qu'ils le defireroient.

7°. Apportez le plus grand foin à ne donner de nourriture à l'enfant qu'autant qu'il peut en avoir befoin. La plupart des meres ont la fottife de croire que dès qu'un enfant crie, c'eft qu'il a faim ; elles fe hâtent alors de lui donner à manger, fans confidérer que fes cris peuvent très-bien être occafionnés par la douleur que lui caufe un eftomac déjà trop furchargé, & qu'il feroit peut-être beaucoup plus à propos de lui faire faire diete ; mais, me dira une de ces meres, c'eft le feul moyen d'appaifer un enfant... Quoi donc ! êtes-vous fûre qu'il ne ceffe de crier que parce que vous avez fatisfait ce prétendu befoin que vous lui fuppofiez ? Cela ne peut-il pas venir de toute autre caufe, comme, par exemple, de ce que parlà vous avez fait diverfion à fa douleur ? que vous l'avez endormi pour quelques inftants ? En un mot, on ne sauroit croire combien on fait de mal à un enfant, quand on bourre inconsidérément son petit estomac d'aliments superflus. Il seroit bien à desirer que les meres fussent assez prudentes, pour ne pas donner à manger à ces petites créatures, dans des moments où elles devroient bien plutôt leur couper les vivres.

8°. Enfin j'exhorterois ici tous ceux qui ont soin des enfants, de ne jamais leur donner de sucreries ou autres friandises, parce que toutes ces drogues ne peuvent que leur gâter l'estomac, si les Paysans avoient autant besoin de cet avis, que les personnes d'une condition plus relevée. Je me contenterai donc de conseiller aux bonnes gens de la campagne, pour lesquels seuls j'écris ceci, de ne jamais souffrir que leurs enfants préferent tel ou tel mets à tel ou tel autre ; mais de les accoutumer à manger de tout, s'ils veu-

lent leur former une bonne constitution. Je leur répéterai aussi le conseil de ne les pas laisser boire de l'eau
trop fraîche quand ils ont chaud :
c'est un point si mal observé par les
Paysans, & qui est cependant d'une
si grande conséquence, que j'estime
que l'on ne sauroit trop le leur recommander ils font à cet égard ;
extrêmement soigneux envers leurs
bestiaux, mais pour ce qui les regarde
eux-mêmes, ainsi que leurs enfants,
ils poussent la négligence là-dessus à
un point impardonnable : ce qui leur
cause souvent des apoplexies & beaucoup d'autres maux.

§. XXVII.

Du mouvement & sur-tout des exercices
du corps.

IL ne suffit pas d'avoir la plus grande
attention à la maniere dont on habille
& nourrit les jeunes villageois. Toutes
les parties de notre corps sont ordon-
nées de sorte que, sans un exercice
convenable, les humeurs s'épaississent,
les nerfs perdent leur ressort, & nous
sommes incapables de supporter la
moindre fatigue. Donc, si vous de-
sirez former à vos enfants un tempérament robuste, & de diminuer
la somme des peines attachées à leur
condition, faites-leur prendre de bonne
heure beaucoup d'exercice ; par-tout
où l'eau coule, elle est claire, limpi-
de, bonne à boire ; croupit-elle dans
une marre, dans quelque fossé fangeux, elle devient trouble, sale, &

la mauvaife odeur s'en répand au loin.
Veut-on favoir à quel point le mouvement & l'exercice peuvent fortifier? Que l'on fe rappelle le Soldat
Romain qui, immédiatement après
une longue marche, dans laquelle,
couvert de fer de la tête aux pieds,
il avoit eu, indépendamment d'armes
très-pefantes, des provifions à porter
fouvent pour quinze jours, n'en com-
battoit, en arrivant, ni avec moins de
courage, ni avec moins de vigueur,
& étoit par-tout victorieux. D'où
lui venoit une force fi prodigieufe,
fi ce n'eft de la lutte, de la courfe
& autres mouvements violents, auxquels on avoit pris foin d'exercer fon
enfance? On ne peut exprimer à quel
degré de force & d'agilité notre corps
peut parvenir, au moyen de l'exercice; le fauteur, le danfeur de corde
en font une bonne preuve.

F vj

§. XXVIII.

Des excès à éviter à cet égard.

Autant la nourriture est nécessaire au corps pour lui donner des forces, autant l'exercice est indispensable pour les lui conserver; mais comme tout excès en ce genre seroit capable de causer des maux sans remede, on ne peut apporter trop d'attention à proportionner toujours la tâche que l'on donne aux enfants, au degré de force dont les différents âges sont susceptibles. Veut-on avoir un cheval vigoureux ? il faut, disent les connoisseurs, laisser au moins pendant quatre ans le jeune poulain sans rien faire ; après quoi on peut sans risque le dompter & l'appliquer au travail le plus rude. C'est ainsi qu'en usent les Paysans sensés à l'égard de leur gros bétail. Dans les pays où l'art de l'économie rurale est le mieux connu, on se garde bien de faire travailler les jeunes bœufs, avant que d'avoir employé quatre à cinq années à les bien nourrir & entretenir de tout point. On ne peut se figurer combien le travail pénible que l'on exige de nos jeunes villageois, cause de désordres dans nos campagnes ; cependant on voit le mal, sans chercher à y remédier ; nombre de jeunes gens sont à peine en état de travailler, qu'ils abandonnent la maison paternelle : que devient alors la famille ? n'est-elle pas insuffisante aux travaux qu'il lui faut soutenir ? Les enfants qui lui restent n'en sont-ils pas surchargés alors ? Aussi voyons-nous que tout s'y fait mal, & que la jeunesse n'atteint jamais le degré de forces dont elle a besoin ; non seulement les campagnes sont mal cultivées, mais les paysans ne sont communément pas plus vigoureux à vingt ans, que lorſqu'ils n'en avoient que douze.

---

§. XXIX.

S'il eſt bon de bercer les enfants.

COMME le Payſan eſt d'ordinaire fort ignorant ſur l'eſpece d'exercice qui convient aux enfants, il eſt néceſſaire pour plus de clarté, de parcourir les différentes périodes de l'enfance. Au bout de quelques ſemaines, il eſt à propos de commencer à donner au nouveau-né un peu de mouvement ; je dis qu'il faut attendre quelques ſemaines, parce que, comme le remarque très-judicieuſement M. *Tiſſot*, la nature eſt dans un parfait repos pendant les premiers jours de notre vie, excepté les moments où elle a beſoin de nourriture ; elle ſemble n'avoir deſtiné ce temps qu'à un ſommeil continuel. Il ſeroit donc dangereux d'agiter un enfant alors, puifque le mouvement ne fauroit que lui nuire; mais, dès que les membres ont acquis une certaine confiftance, il faut bien fe garder de laiffer un enfant dans cette inaction; il faut l'agiter de maniere toutefois que le temps qu'on y emploie foit loin d'excéder le repos qu'on lui laiffe; car, comme nous le dirons en fon lieu, l'enfant doit toujours plus dormir que veiller.

Le premier mouvement que l'on donne à un enfant, c'eft de le bercer : cette méthode eft-elle bonne ou mauvaife? Les opinions font partagées, mon intention n'eft pas de décider cette queftion, mais de me borner à faire quelques obfervations relativement aux abus qui peuvent en réfulter.

Le but que l'on fe propofe d'ordinaire en berçant un enfant, c'eft de l'endormir, & il eft fûr que l'on y parvient fouvent par-là. Il eft donc

naturel que le fommeil s'en fuive ; c'eft
aux gens de l'art qu'il appartient de
juger fi cet ufage eft capable de nuire
ou non à la tête ou à l'eftomac :
ce qu'il y a de bien certain, c'eft
que les meres ou les nourrices ont
grand tort de vouloir endormir un
enfant dès qu'elles l'ont pofé dans fon
berceau, fans s'inquiéter fi cela eft
ou non du goût de l'innocente créature. L'agitation qu'elle éprouve par
ce continuel bercement, eft capable
de lui caufer de très-dangereux ver-
tiges ; d'un autre côté, il n'eft pas
moins fûr que l'enfant que l'on ne
berce point, dort tout auffi-bien que
celui qui eft foumis à cette habitude ; nous en voyons tous les jours
mille preuves. On peut donc conclure que fi l'ufage de bercer les
enfants n'a rien de dangereux, il n'eft
du moins pas néceffaire.

※

§. XXX.

Comment on doit apprendre aux enfants à marcher.

IL faut bien prendre garde de ne se point trop preſſer, lorſqu'on veut faire marcher les enfants ou les accoutumer à ſe tenir debout. On doit attendre que les jambes aient acquis aſſez de force, & que les reins ſoient duement affermis, avant que de rien entreprendre à cet égard. Il ne manque pas de Payſannes qui attachent une ſotte vanité à pouvoir ſe vanter là-deſſus devant leurs voiſines, & auxquelles il tarde toujours de jouir de la ſatisfaction puérile d'avoir vu faire à leur enfant quelques pas: qu'arrive-t·il de tant de précipitation? Une défectuoſité dans les jambes de l'enfant ou dans quelqu'autre partie de ſon corps, laquelle-le rend infirme toute ſa vie.

L'ufage de la lifiere me paroît condamnable, en ce qu'elle éleve fouvent une épaule plus que l'autre, &
qu'il en peut réfulter nombre d'inconvénients ; l'enfant qui s'apperçoit
fort bien qu'il eft foutenu , s'abandonne entiérement, s'accoutume à fe
plier tout le corps ; & à la longue,
cette habitude ne peut que préjudi-
cier à l'un ou à l'autre de fes membres. Le mieux feroit, je crois, de
laiffer les enfants apprendre d'eux-
mêmes à marcher ; on pourroit leur
préfenter d'abord à une courte diftance, quelque chofe capable de les
attirer, l'ardeur de s'en faifir les por-
teroit infailliblement à faire quelques
pas pour s'en rendre maîtres, & en
augmentant peu-à-peu la diftance ,
on parviendroit bientôt à les faire
marcher.

Bien des gens, au lieu de lifiere,
ont encore coutume de fe fervir d'une
certaine machine à quatre pieds,

ſur quatre roulettes, & dont la forme reſſemble aſſez à celle d'une cloche ; on croit même cette eſpece de charriot plus utile & moins ſujette à inconvénient que la liſiere, en ce que l'enfant y eſt à l'abri de tous les accidents que celle - ci peut occaſionner, & que pouvant s'y mouvoir commodément dans tous les ſens, il riſque moins de s'échauffer. Cet article eſt, ce me ſemble, digne d'attention ; mais comme tout le monde n'a pas de ces petits charriots, je voudrois que les meres, pour éviter à leurs enfants des chûtes dangereuſes, leur garniſſent la tête d'un bourrelet, comme on le voit pratiquer avec ſuccès dans beaucoup de pays.

Il eſt des meres qui, lorſque leurs enfants tombent, ſont aſſez inſenſées pour ne pas les relever ſans les châtier d'une faute involontaire. D'autres, au lieu de battre l'enfant, frappent le bois, la pierre, ou le lieu où il eſt tombé, comme pour l'appaiſer & ſe venger. Les unes & les autres ſont extrêmement blâmables : les premieres, en ce qu'elles ne remédient en aucune façon au mal ; les autres, en ce que leur action eſt capable de faire germer l'eſprit de vengeance dans ces jeunes cœurs, & de les rendre un jour intolérants & coleres. Celles qui dans le même cas rient & ſe moquent de l'enfant, me paroiſſent bien plus ſages ; cette raillerie le rend plus attentif : lui arrive-t-il de tomber enſuite ? il fait en ſorte que l'on n'en voie rien, commence par rire tout le premier ; & dût-il même s'être bleſſé, loin de ſe plaindre, il en rougiroit : il ſonge lui-même au remede que l'inſtinct lui fait ſouvent trouver dans ſa propre ſalive.

§. XXXI.

On ne doit confier les enfants qu'aux personnes les plus capables d'en prendre soin.

LORSQU'IL est question d'apprendre aux enfants à marcher, les peres & les meres doivent encore avoir grand soin de ne les pas confier à de petits garçons ou de petites filles, incapables d'en prendre le soin convenable. J'ai déjà parlé, §. 10ᵉ. de ce maudit abus, qui n'est que trop commun; mais il me paroît si dangereux, que je ne crois pas pouvoir y faire faire trop d'attention. Je ne finirois pas, si je voulois détailler ici toutes les suites funestes qu'il entraîne tant pour l'ame que pour le corps. Si quelque Voyageur sensé & accoutumé à voir les enfants bien tenus dans son pays, passoit par certains Villages du nôtre, avec quel étonnement ne verroit-il pas de tous côtés une foule confuse d'enfants des deux sexes, jouer ensemble avec des couteaux ou d'autres instruments nuisibles, ou même se battre à coups de pierres ; & au milieu de ceux-ci, d'autres traîner plutôt que de porter d'innocentes créatures au maillot, & se les arracher des bras ? Ce tableau ne lui feroit-il pas horreur ? Cruels peres ! meres dénaturées ! c'est à Dieu que vous aurez un jour à rendre compte d'une négligence aussi impardonnable. Si du moins vous vouliez vous rappeller les malheurs dont vous avez été les témoins, ou que vous avez vous-mêmes éprouvés dans votre enfance par la même cause, ce seul souvenir suffiroit pour vous faire frémir de tous les dangers auxquels vous exposez vos enfants, & vous seriez plus attentifs à les y soustraire.

Mais fi je m'éleve ainfi contre ce déteftable ufage d'abandonner auffi cruellement les enfants à eux-mêmes, je ne puis affez louer les meres, qui, loin d'expofer les leurs aux mêmes dangers, les ont continuellement fous les yeux, leur fourniffent tous les moyens poffibles de s'amufer, & préfident elles-mêmes à leurs jeux. On doit bien prendre garde à ne pas porter trop tôt un petit enfant au grand air; mais lorfqu'une tendre & bonne mere juge à propos d'y expofer le fien, elle doit ou s'en charger elle-même, ou ne le confier qu'à des perfonnes fûres. Sa principale occupation doit être de l'amufer alors de mille manieres, afin de lui éviter les petits chagrins de fon âge. Rien ne peut plus contribuer au développement de fes petites facultés que l'allégreffe. Je fuis cependant bien loin d'approuver toutes les méthodes dont on fe fert pour divertir l'enfant; j'en connois nombre de trèscondamnables. Il eſt des perſonnes qui prennent un enfant des deux mains, le ſoulevent en l'air par le menton, & lui diſent qu'elles lui feront voir ainſi un tel ou tel objet ; d'autres le prennent par derriere lorſqu'il ne s'y attend pas, lui mettent les mains devant les yeux, & lui diſent de deviner qui le tient ; d'autres le prennent dans leurs bras avec précipitation, & feignent de le jeter dans un puits ou dans une riviere ; d'autres lui preſſent forte-ment les doigts ou les bras ; & mille autres maneuvres de cette nature, toutes plus inſenſées les unes que les autres. Tous ces jeux ſont extrême-ment condamnables, & l'on ne doit les ſouffrir d'aucune maniere. Il ſeroit encore très-mal de permettre à un en-fant de faire l'aveugle, le boſſu ou le boiteux, parce qu'inſenſiblement il pourroit contracter quelqu'habitude pernicieuſe.

§. XXXII.

*Quels font les exercices les plus conve-
nables lorfque les enfants commencent
à grandir.*

VERS l'âge de fept à huit ans,
on peut donner à la jeuneffe quelques petites commiffions propres à
foulager les parents. De tout ce que
l'on en exige, elle n'exécute rien plus
volontiers que les petits meffages
officieux. Ainfi un pere fage aura
foin de s'accommoder de fon mieux,
au goût de fes enfants, dans les différentes chofes auxquelles il voudra
les employer; s'il conduit du bétail
aux champs, ils l'aideront à le toucher. Toutes les occupations de cette
nature leur font très-convenables, en
ce qu'elles les tiennent en mouvement fans les fatiguer; il faut éviter

de les laiſſer trop dans l'inaction; car
outre l'ennui qu'ils y gagneroient, ils
en deviendroient beaucoup moins
propres aux travaux de la campagne;
les meres en uſeront de même à l'égard
de leurs filles dès qu'elles les verront
ſuſceptibles de quelque petite occupation. J'ai ſouvent vu en divers lieux
de petits garçons & de petites filles
de quatre à cinq ans, gagner déjà
une partie de leur entretien. Les enfants ſont ordinairement tout glo-
rieux de ſe voir employer, cela leur
perſuade qu'ils ſont déjà grands; &
leur petit amour-propre les porte à
s'acquitter de leur mieux de ce dont
on les charge, lorſqu'ils ſont ſous les
yeux de leurs parents ou de grandes
perſonnes. Voilà pourquoi les Char-
pentiers, les Maçons & les autres
Ouvriers de cette eſpece font de
bonne heure en ſorte que leurs enfants les imitent. J'ai quelquefois été
étonné de voir en Allemagne de pe-

tites filles qui ne marchoient pas encore feules, tricoter néanmoins déjà
à l'imitation de leurs meres.

Le Payfan Philofophe de la Suiffe,
que *M. Stirtzel* vient de nous faire
connoître (1), relativement à fa
maniere particuliere de cultiver la
terre & d'adminiftrer les affaires de
fa maifon, ne fouffre point que fes
enfants fe mettent à table avec lui,
avant qu'ils fe foient rendus propres à quelque travail. Si tous les
Payfans en ufoient ainfi, leurs enfants
ne feroient pas auffi oififs qu'ils le
font pour l'ordinaire jufqu'à l'âge de
douze à quinze ans.

Plutarque, dans fon excellent *Traité
de l'Education des enfants*, parle de
deux chiens d'une même ventrée, dont
l'un étoit un très-bon chien de chaffe

---

(1) C'eft à M. le Major *Frey* que nous devons
la traduction de cet Ouvrage excellent. Il a pour
titre françois, *le Socrate ruftique* : & la 4e. édition
en parut à Laufanne, en 1777, 2 vol. *in-8°.*

& l'autre n'étoit propre qu'à dormir continuellement ; & cela parce que le premier avoit été de bonne heure exercé, tandis qu'on avoit laiffé l'autre fans rien faire.

Que les parents commencent donc par prêcher d'exemple à leurs enfants, & je leur promets que, loin d'être oififs, ils les verront au contraire s'empreffer de les imiter, & devenir forts & robuftes. Je traiterai cette matiere plus amplement dans la feconde partie ; mais, avant de paffer outre, je veux encore exhorter les peres & les meres à ne jamais empêcher leurs enfants de fe fervir indiftinctement de leurs deux mains. Ce principe, qui n'eft indifférent dans aucune condition, eft fur-tout de conféquence pour des gens dont les bras font l'unique reffource.

§. XXXIII.

Continuation du même sujet.

A mesure que la jeunesse croît & qu'elle prend des forces, on peut l'employer à des travaux plus pénibles, mais cela demande beaucoup de sagesse & de discrétion. Il est des peres assez insensés, pour exiger de leurs enfants le même travail dont ils sont eux-mêmes susceptibles; ce qui, comme nous l'avons déjà remarqué, préjudicie non seulement à ces pauvres petits malheureux, mais encore à toute l'économie rurale. Comment un jeune adolescent peut-il s'aquitter de la tâche qu'on lui impose aussi inconsidérément, lorsqu'il est à peine capable de soulever l'instrument qui doit lui servir à l'exécuter? Il faut donc que l'outil & le genre de travail soient également proportionnés aux forces de l'ouvrier.

G iij

Les meres font encore bien moins raifonnables là-deffus que les peres ; il n'eft pas rare d'en voir mettre fur la tête ou fur les épaules de leurs enfants des fardeaux énormes. Faut-il s'étonner, fi l'on en voit un fi grand nombre devenir contrefaits & infirmes ?

Tandis qu'un enfant croît, évitez de le charger de fardeaux pefants ; évitez fur-tout d'en charger fa tête, car c'eft la partie à laquelle correfpondent tous les fibres répandus dans la machine. Je crois même qu'en furchargeant la tête, on courroit rifque de déranger cette chaîne qui s'étend depuis les vertebres du cou tout le long de l'épine du dos, fur-tout fi le poids n'étoit pas bien en équilibre. Il eft bon, lorfque les enfants portent quelque chofe à la main, de leur recommander d'en changer de temps en temps ; mais j'aurai peut-être dans la fuite occafion de parler de ceci plus amplement.

§. XXXIV.

Du Sommeil.

Après le travail, vient le repos si nécessaire à la réparation des forces. Ce seroit mal remplir mon objet que de ne pas dire comment on doit se conduire à cet égard. Il faut du sommeil aux enfants, & l'on ne peut guere pousser trop loin l'indulgence là-dessus envers ceux des Paysans. Que l'on laisse donc un libre cours à la nature, & que l'on prenne garde de trop la contrarier sur ce point, car rien ne peut contribuer davantage à son développement que le sommeil ; mais que l'on prenne soin d'éviter toute extrêmité, & de ne pas imiter ces sottes meres dont j'ai parlé, §. 30, qui, pour leur propre commodité, veulent endormir leurs enfants à quelque prix que ce soit ; encore moins celles qui les mettent coucher avec elles. Il n'en eſt que trop qui donnent dans cet abus, & qui répondront un jour devant Dieu, de s'être expoſés ainſi à étouffer une innocente créature, ou de l'avoir miſe dans le cas de s'étouffer elle-même, par la trop grande quantité de lait qu'elle peut tetter, comme il n'y en a que trop d'exemples.

Mais quoique je conſeille de laiſſer aux enfants le temps de bien dormir, je n'entends pas pour cela que l'on en faſſe des pareſſeux & des lâches. Il eſt un juſte milieu qu'il faut ſaiſir, quoiqu'il ſoit très-difficile de l'aſſigner : c'eſt aux parents à conſulter là-deſſus le tempérament, les forces, la ſanté de leurs enfants ; tout ce que je puis me permettre de leur dire, c'eſt que je crois que depuis ſept juſqu'à quinze ans on peut leur retrancher peu-à-peu une partie du ſommeil auquel ils ſont accoutumés, juſqu'à ce que l'on foit parvenu à leur en laiffer fept à huit heures par jour. Ce temps eft le plus convenable pour tout le monde en général, au fentiment des Médecins & des Naturaliftes. Je recommanderai feulement aux bonnes gens de la campagne d'accoutumer leurs enfants à fe lever matin, parce que cette habitude eft avantageufe non feulement à la fanté, mais à toute économie rurale. Pour que la jeuneffe puiffe fortir du lit d'autant plus aifément le matin, il eft bon de lui affigner une heure fixe pour le coucher; mais fi ce moyen ne produifoit pas fon effet, il faudroit bien fe garder d'éveiller les enfants en faifant beaucoup de bruit autour d'eux. Cette méthode déplaît aux hommes faits, à plus forte raifon feroit-elle déplacée avec la jeuneffe que l'on ne doit jamais effrayer en aucun cas, comme nous le dirons en fon lieu. En attendant, j'ai à donner

G v

aux meres un avis qui mérite leur attention : qu'elles prennent garde que la chambre où est le berceau de l'enfant, ne soit pas trop éclairée, trop de jour lui fatigueroit la vue ; qu'elles disposent le berceau de sorte qu'il ait le jour directement devant lui, & qu'elles placent de même la lumiere lorsqu'elles en mettent dans sa chambre pendant la nuit ; les enfants s'accoutument aisément à loucher, quand ils se trouvent placés de façon à être obligés de tourner les yeux pour voir la lumiere. Il seroit dangereux aussi de porter trop promptement un enfant au grand jour en le sortant de son berceau, il ne faut qu'un coup de lumiere trop vif pour le rendre aveugle.

§. XXXV.

Maladies qui rendent la jeuneſſe inha-
bile aux travaux de la campagne.

IL y auroit encore bien des regles
à preſcrire relativement aux exercices
du corps, mais cela nous meneroit
trop loin, & mon livre en feroit d'une
utilité moins générale. Ce que j'ai
dit juſqu'ici, me paroît devoir ſuffire
pour ſe conduire avec ſageſſe dans
les cas où je ne dis rien. Je vais
actuellement paſſer au ſecond article
porté dans le §. 6, lequel conſiſte
à montrer comment on peut éviter
tous les obſtacles capables d'empêcher la jeuneſſe d'être propre aux
travaux qu'exige l'économie rurale.

Les plus grands obſtacles dérivent
de certaines maladies, qui bien ſouvent réduiſent le Peuple à ne pouvoir
gagner ſon pain par ſon travail. Je

G vj

n'entreprendrai pas de traiter ici de
toutes ces maladies. Ce feroit une
témérité à moi, après toutes les fages
inftructions que M. *Tiffot* a données
fur cette matiere, & dont je ne puis
affez recommander la lecture aux
peres de famille, je me contenterai
de parler de celles dont les fuites
funeftes font d'ordinaire caufées par la
négligence de ceux qui gouvernent
les enfants, & je n'oublierai rien pour
indiquer les meilleurs moyens de les
prévenir.

§. XXXVI.

Des Convulsions.

LES Paysans appellent communément les convulsions la maladie des enfants, & ils n'ont pas tort, puisqu'en effet la plus grande partie ne meurt que de ce mal : il est important de connoître les causes de cette maladie, qui d'ailleurs est fort négligée.

Les principales causes des convulsions sont le *meconium*, ou humeur âcre qui séjourne dans les intestins, les *dents* & les *vers*.

J'ai dit que mon intention n'est pas de donner des préceptes pour guérir les enfants quand ils sont malades, & je persiste dans ce dessein; mais j'exhorte de nouveau les parents d'avoir recours aux conseils des Gens de l'Art dans les cas embarrassants. Mais comme au Village il n'est pas toujours facile de se procurer ce secours, & que l'Ouvrage de M. *Tissot* n'est pas connu de tout le monde, je vais rapporter ici ce que pense cet excellent Auteur, au sujet des trois maladies que je viens de citer.

§. XXXVII.

Du Meconium.

LE *meconium* n'est autre chose qu'une matiere noire, médiocrement épaisse & assez gluante, dont l'estomac & les intestins de l'enfant sont remplis quand il vient au monde. Il faut que cette matiere soit bien évacuée avant qu'il prenne du lait, autrement elle le corromperoit & il en résulteroit de très-mauvaises suites. Pour procurer cette évacuation, les meres ne doivent point donner à tetter pendant les vingt-quatre premieres heures, mais donner à l'enfant, au lieu de lait, de l'eau dans laquelle elles auront mis un peu de fucre ou de miel ; & pour affurer d'autant plus l'entiere évacuation de cette matiere, il eft à propos de faire avaler à l'enfant, dans l'efpace de quatre à cinq heures, une once de fyrop compofé & délayé avec un peu d'eau. M. *Tiffot* eftime cette pratique fi utile & fi fûre, qu'il defireroit, dit-il, de la voir devenir générale, & que l'on voulût la préférer à l'huile d'amandes douces dont on a coutume de fe fervir en pareil cas. Le même Auteur ajoute que fi la foibleffe de l'enfant eft telle qu'elle exige quelque nourriture, on peut lui donner un peu de bifcuit détrempé avec de l'eau.

L'Auteur du *Traité de l'Education phyfique*, lequel j'ai déjà cité plufieurs fois, confeille de donner à l'enfant, dans le même cas, un peu de vin fucré que l'on aura fait tiédir. Mais, quoique l'enfant ait été bien évacué, il arrive

souvent que le lait s'aigrit dans son
eftomac, & lui caufe des vomiffe-
ments, des coliques violentes, des convulfions, la diarrhée & même la mort.
Dans ce cas il faut évacuer les matieres aigres ; & M. *Tiffot* confeille
de préférer, pour cette opération, le
fyrop de chicorée.

§. XXXVIII.

Des Dents.

LA feconde caufe des convulfions
qui affligent fouvent les enfants, eft
la fortie des dents. Pour la faciliter
& prévenir les fuites fâcheufes de ce
mal, il faut leur tenir le ventre libre
alors, leur donner moins à manger
& plus à boire, & leur frotter de temps
en temps les génfives avec un mélange
d'autant de miel que de mucilage de
pepins de coings, en leur donnant à
mâcher, dans les intervalles, une ra-
cine d'althéa ou de régliffe.

§. XXXIX.

Des Vers.

LA troisieme cause des convulsions, sont les vers. Dès que les
Paysannes voient un enfant donner
quelques signes de douleur, elles
ne manquent guere d'attribuer aux
vers le mal dont il se plaint ; mais
elles se trompent fort souvent. Elles
devroient être plus prudentes qu'elles ne le font d'ordinaire en cette
occasion, & ne pas tant se presser
d'administrer au malade des remedes
contre les vers , qui, loin de le sou-
lager, lui font très-souvent beaucoup
de mal. Il est nombre de symptômes
par lesquels on peut juger si un enfant a des vers, mais un seul est in-
faillible, c'est leur sortie par haut ou
par bas. Il y a beaucoup de remedes
contre les vers. La *grenette* ou *semen-*

contra, qui eſt la plus ordinaire, eſt
très-bon. Il faut éviter de donner à
l'enfant atteint de ce mal, aucun ali-
mént difficile à digérer, & ſe bien
garder de lui faire avaler aucune
huile, car, ſelon M. *Tiſſot*, ce remede,
dût-il détruire quelques vers, n'eſt
cependant propre qu'à en augmenter
la cauſe, & par conſéquent qu'à en
reproduire de nouveau. Il conſeille
le long uſage de la limaille de fer,
comme le meilleur remede contre les
vers.

§. XL.

La frayeur peut causer les convulsions.

OUTRE les maladies dont nous venons de parler, il est encore plusieurs causes de convulsions, sur-tout chez les Paysans. La folie, la surdité, quelque difformité dans quelque partie du corps, sont les suites ordinaires de ce mal, qui ne procede que trop souvent de la négligence des peres & meres. Si nous en croyons les plus habiles Médecins, la peur, l'effroi, l'horreur, sont les autres principales causes des convulsions. Combien y a-t-il de parents qui se mettent en peine d'éviter à leurs enfants ces sortes d'agitations de l'ame ! Combien n'en est-il pas qui les leur causent imprudemment eux-mêmes, en les arrosant d'eau froide, en les secouant fortement tout d'un coup, ou en faisant

fubitement un grand bruit autour d'eux
pour les éveiller ! Il eft vrai que les
maifons des Payfans font communément fi petites, que l'on ne fauroit y
faire le moindre bruit fans qu'il s'entende de par-tout : ce qui réveille
fouvent la jeuneffe en furfaut, fur-
tout à l'âge le plus tendre. Les enfants
font-ils un peu plus avancés ? com-
mencent-ils à comprendre ce qu'on
leur dit ? c'eft à qui leur fera de fots
contes de revenants, de démons. Le
petit frere, la petite fœur, les jeunes
camarades, une foule de vieilles femmes fuperftitieufes, chacun à l'exemple de la mere, s'empreffe de leur
raconter de ces hiftoires qu'ils écou-
tent avec avidité, & qui les rendent
très-peureux. Un enfant fe montre-t-il
défobéiffant, difficile à conduire ? on
n'a rien de plus preffé que de le menacer du *hibou*, du *loup-garoux* ; en un
mot, tout confpire à leur infpirer de
la frayeur. Les peres même, & les

maîtres d'école, qui devroient être plus fages, emploient fouvent de femblables moyens pour les intimider : enfin il fe trouve quelquefois des gens affez ftupidement fous pour fe dé- guifer de la plus étrange maniere, & fe montrer ainfi aux enfants foit pour les divertir, foit en vue de les rendre dociles. La frayeur peut caufer une multitude d'accidents, même dans l'âge mûr : fuppreffion de tranfpira- tion, tremblements, ferrements & pal- pitations de cœur, foiblesses, éva- nouiffements, convulfions, jufqu'à l'épilepfie même, tout cela n'eft que trop fouvent la fuite de jeux & de badinages inventés par l'extravagance. M. *Tiffot*, que je me plais à citer, affure que la moitié de ceux qui font fujets au mal caduc, fans l'avoir hérité de leurs peres, ne le doivent qu'aux caufes que nous venons de rappor- ter. Il ajoute, que l'on ne fauroit trop recommander aux enfants de ne point

se faire réciproquement peur ; &
qu'une des principales attentions des
maîtres d'écoles, devroit être de les
prêcher très-sérieusement sur ce point.

§. XLI.

La malpropreté dans le manger, autre
cause des convulsions.

CE qui contribue encore à donner
les convulsions, c'est la négligence que
l'on apporte souvent dans la maniere
d'apprêter les aliments. Quoique j'aie
déjà parlé de cet abus, il est si commun, & les suites en sont si terribles,
que je crois devoir dire ce que j'en
pense, d'une maniere plus particuliere.
Beaucoup de meres accoutumées elles-
mêmes à ne manger que des choses
mal cuites, ne se font aucun scrupule
d'en donner à leurs enfants, de quelqu'âge qu'ils soient, & il faut alors
que leur petit estomac supplée au feu.

Outre cela , elles ne se donnent pas la peine de nettoyer convenablement l'ustensile qu'elles emploient. Tous leurs meubles de cuisine croupissent même dans l'ordure pendant plusieurs semaines , quelquefois pendant plusieurs mois , avant qu'elles songent à y mettre la main. En vérité , si l'on étoit en peine de savoir ce qui rend les convulsions si fréquentes en certains pays , il suffiroit de visiter les cuisines des Paysans , & d'en considérer un instant les ustensiles. Ces bonnes gens sont si soigneux de bien nettoyer la mangeoire de leurs bestiaux ! il devroit leur être bien aisé de penser que si la malpropreté dans le manger peut nuire aux bêtes , à plus forte raison est-elle à craindre pour les hommes , & particuliérement pour les enfants.

§. XLII.

Mauvais choix des lieux où l'on fait coucher les enfants, autres causes des convulsions.

UN autre abus peut encore y contribuer. On tient communément les enfants, endormis ou éveillés, dans la même chambre où tous les gens de la maison se réunissent, & où chacun vient, en hiver, faire sécher des habits inondés de pluie ; & l'on a souvent remarqué que de jeunes garçons, des personnes même d'un certain âge, avoient été attaqués, dans ces chambres, de convulsions qui différoient peu du mal caduc. Or, comment de petites créatures, dont les nerfs sont si foibles & si sensibles, pourroient-elles y être sans danger ! Il seroit donc beaucoup plus à propos de les mettre dans

un

une autre piece ; mais les meres crain-
droient trop qu'ils euſſent froid par-
tout ailleurs. Cependant, comme nous
l'avons dit, §. 15, un des meilleurs
moyens de les fortifier & d'affermir leur
ſanté, c'eſt de les accoutumer de bonne
heuré au froid. Mais comme il peut ſe
faire que tous les Payſans n'aient pas
une autre chambre à donner à l'enfant,
il faudroit, en ouvrant portes & fenêtres, rafraîchir & renouveller l'air.
Eſt-il humide ou mal ſain ? brûlez du
genievre, & vous le purifierez. Tout
lieu deſtiné au ſommeil, doit être plutôt froid que chaud, plutôt vaſte
qu'étroit & peu exauſſé. Il faut éviter, autant qu'il eſt poſſible, d'habiter
les maiſons trop nouvellement bâties.
Les rez-de-chauſſées ſont en général
pernicieux, ainſi que tous les lieux
humides. Or on apporte dans la campagne tant de négligence ſur tous ces
points, qu'il ne faut pàs s'étonner ſi
l'on voit tant de gens incommodés

H

de defcentes, ou fujets à diverfes autres infirmités.

---

§. XLIII.

Des defcentes ou ruptures ; les cris
immode'res peuvent les caufer ; com-
ment on doit y remedier.

UN autre mal auquel les petits
garçons font fort fujets , par le peu
d'attention des meres, ce font les defcentes ou ruptures. Cette incommodité eft d'autant plus dangereufe pour
les gens de la campagne, qu'elle rend
le malade incapable de fatigue. Les
enfants l'apportent quelquefois en naif-
fant ; mais plus fouvent ce mal eft la
fuite de cris aigus, ou d'une coquelu-
che violente. On voit des Payfans à
la fleur de l'âge, & d'ailleurs d'une
bonne fanté, que cette feule incommodité empêche de travailler. Il eft
des Médecins qui prétendent que les

contrées où les changements de temps
font fréquents, où l'on paffe fubitement du froid au chaud, & du chaud
au froid, les lieux humides & maré-
cageux fur-tout font ceux où les
defcentes font les plus communes.
D'autres attribuent les ruptures des
enfants, au peu de foin que l'on prend
d'eux.

Un enfant eft à peine au monde,
qu'il commence à crier : fi l'on ne
trouve pas un moyen d'interrompre
fes cris à temps, il peut arriver que
ce mal, qui vient quelquefois de plus
loin, empire & devienne incurable.
Le principal foin d'une mere devroit
être d'empêcher fon fils de crier; mais,
bon Dieu ! combien n'en eft-il pas
qui à peine l'ont couché dans fon berceau, tellement lié & garotté, qu'il lui
eft impoffible de remuer ni bras ni
jambes ! à peine font-elles parvenues
à l'endormir à force de le bercer,
qu'elles le plantent là, pour aller au loin

s’occuper de différentes chofes qui les retiennent fouvent plufieurs heures de fuite. Pendant ce temps-là, la faim ou la douleur éveillent le pauvre petit malheureux : il crie, il fe débat, il s’agite autant qu’il peut pour fe débarraffer des liens incommodes qui le tiennent à la torture ; il fe rompt.

Mais, diront les meres, la pauvreté, un travail indifpenfable ne nous permettent pas toujours de prendre de nos enfants tout le foin néceffaire ; & fi par hafard il leur arrive quelque malheur, doit-on nous l’imputer ?

La mifere qui regne dans les villages ne m’eft que trop connue, mais je connois trop auffi l’extrême négligence de la plupart des meres, pour pouvoir l’excufer. Je fais trop avec quelle lâcheté elles abandonnent leurs enfants, pour prodiguer leurs foins à tout autre objet, qui, quel qu’il foit, ne peut jamais autant les mériter. Je fais trop enfin que, loin de rien faire pour prévenir le mal, ces coupables meres ne se mettent même pas en peine d'en arrêter le progrès, lorsqu'elles ne peuvent se le dissimuler.

M. *Tissot* croit que l'on pourroit guérir presque tous les petits enfants incommodés de ce mal, en leur faisant porter continuellement un léger bandage, avec une pelote de linge, de crin ou de son : il est bon d'en avoir deux pour pouvoir en changer de temps en temps; & il faut avoir soin de ne le mettre que quand l'enfant est couché sur le dos, & après que l'on s'est bien assuré que tout est bien rentré; autrement il seroit très-dangereux.

§. XLIV.

Châtiments trop rigoureux, autre cause de rupture.

LES châtiments trop rigoureux peuvent être regardés comme une autre cause de rupture. Il n'est pas rare de voir des peres, dans des moments d'ivresse ou d'emportement, alonger à leurs enfants de grands coups de pied, ou les corriger de quelqu'autre maniere non moins insensée. Combien n'en résulte-t-il pas de descentes, ou d'autres accidents fâcheux ! C'est aux meres à redoubler de soin pour écarter leurs enfants de ces peres furieux & brutaux. Il est aussi du devoir des Curés, des Prédicateurs, de s'élever fortement contre ces abus, & de faire comprendre aux gens de la campagne, la nécessité d'être sages & modérés dans les châtiments qu'ils infli-

gent. Je ne m'étendrai pas davantage
ici fur cette matiere, parce que j'aurai
occafion d'en parler dans la feconde
Partie.

---

§. X L V.

*Efforts & fauts violents, autre caufe
de rupture.*

ENFIN on peut attribuer les
defcentes tant chez la jeuneffe que
chez les hommes faits, aux efforts &
aux fauts violents. Les jeunes gens
ayant particuliérement la vanité de
paroître forts, fouples & ingambes,
ont fouvent la témérité de vouloir
foulever ou porter des fardeaux trop
pefants, de franchir de larges foffés,
ou des éminences trop élevées, dans
la vue de briller aux yeux de leurs
camarades. Il arrive encore que des
peres inconfidérés les furchargent de
poids ou de travaux au-deffus de leurs

forces. Tant de fâcheux accidents que ces inconféquences ont produits, devroient fuffire à la jeuneffe pour la rendre plus circonfpecte; & ce devroit être pour les peres une leçon bien capable de les rendre plus fages. Si tous les Payfans, à l'imitation de ceux de l'Allemagne, vouloient s'habituer à porter de larges ceintures, les defcentes feroient beaucoup plus rares.

Un Médecin habile & très-digne de foi m'a dit avoir fouvent vu, dans les villages, des gens qui, foit par avarice, ou par imprudence, ne font pas difficulté de faire tailler leurs enfants, lorfqu'ils ont des defcentes, par ces miférables que l'on emploie pour les animaux. Or quelles déplorables fuites ne doit pas avoir un abus auffi déteftable! Tout homme raifonnable le fent de refte, fans que je les lui mette fous les yeux.

*

§. XLVI.

Il ne faut pas forcer les enfants à manger lorsqu'ils sont malades.

PLUSIEURS meres, d'ailleurs très-tendres, pensent que, quand leurs enfants sont malades, & qu'ils ne mangent point, elles doivent les y contraindre ; & tel est à-peu-près leur raisonnement : qui ne mange point, perd ses forces ; qui perd ses forces, doit s'attendre à mourir. Il faut donc que j'oblige mon enfant de manger, pour ne pas le perdre, & pour n'avoir point sa mort à me reprocher.

Il en est d'autres qui s'y prennent bien plus mal encore pour ranimer les forces de leurs enfants malades. Elles leur font avaler de grands verres de vin, ou de liqueurs fortes, qui les ont bientôt envoyés dans l'autre monde. Les uns & les autres ne pensent pas

H v

que l'eſtomac d'un malade a rarement
beſoin de nourriture; que la maladie
n'en devient que plus longue & plus
dangereuſe, en lui fourniſſant de nouveaux aliments; que toutes les liqueurs fortes ſont nuiſibles preſqu'en
tout temps; & qu'enfin, pour que le
malade puiſſe recouvrer ſes forces, il
faut commencer par le guérir.

§. XLVII.

De la petite Vérole.

DE toutes les maladies qui affligent la jeuneſſe, la plus dangereuſe, celle dont les ſuites ſont les plus déplorables, c'eſt la petite vérole. Pour diminuer le danger de cette terrible maladie, on a, de nos jours, introduit dans pluſieurs pays la méthode de la donner par inſertion. Il eſt des gens qui voudroient voir cette méthode bannie de l'univers entier ; il en eſt d'autres qui voudroient la voir généralement adoptée, & ceux-ci aſſurent que ce ſeroit un moyen auſſi peu coûteux que facile, de prévenir les dangereux effets de la petite vérole, & de conſerver à l'agriculture la plus grande partie des enfants qu'elle emporte. Ce qu'il y a de ſûr, c'eſt que la liſte de ceux qui meurent de la pe-

H vj

tite vérole, dans les pays où l'inoculation n'est point en usage, surpasse de beaucoup celle des pays où elle est introduite. Quoi qu'il en soit de l'avantage de l'inoculation, je n'en déciderai point : tout ce que je puis dire, c'est que la petite vérole est beaucoup moins venimeuse au village qu'à la ville ; & je crois, d'après les Médecins les plus expérimentés, que cela ne vient que de ce que les Paysans laissent plus agir la nature, & font beaucoup moins de remedes que les habitants des villes & les personnes de condition. Mais comme il se trouve cependant, dans la campagne, des meres qui commettent de grandes fautes à cet égard, je vais leur faire part de quelques sages instructions que me fournit encore l'excellent Ouvrage de M. *Tissot.* Il dit, §. 211, que de faire suer les enfants dans la petite vérole, c'est le moyen d'augmenter le mal ; & que l'on doit bien se gar-

der de donner des remedes échauf-
fants , pour la faire d'autant mieux
fortir. « *Le vin*, la thériaque, les
» remedes aromatiques, les lits & les
» appartements trop chauds font
» mourir un grand nombre d'enfants
» que l'on auroit pu fauver en fe con-
» tentant de leur faire boire de l'eau
» tiede ». Et plus loin, il ajoute :
» que ceux qui defirent que leurs
» enfants échappent à cette maladie,
» évitent avec foin toutes les chofes
» dont j'ai parlé ; car s'ils ne la ren-
» dent pas précifément mortelle, elle
» en devient du moins plus dange-
» reufe, & les fuites en font auffi plus
» funeftes ».

§. XLVIII.

Principales causes des maladies chez les Paysans.

JE devrois terminer ici cette premiere Partie, mais puisque je n'ai entrepris cet Ouvrage que dans la vue d'être utile aux gens de la campagne, ils ne seront sans doute pas fâchés que je les mette à portée de connoître les principales sources des maux qui les affligent, puisqu'ils n'en seront que plus en état de s'y soustraire. C'est à quoi je vais travailler en peu de mots, & en continuant de puiser dans les savantes observations de M. *Tissot*.

Les principales causes des maladies qui désolent les gens de la campagne, sont :

1°. Un travail trop rude & trop continu, de là une foule de maux, & sur-tout les maladies inflammatoires.

Il eſt deux moyens d'empêcher ces effets funeſtes : en diminuant le travail, on ôtera la cauſe ; mais il faut que l'indigence ne s'y oppoſe pas. Dans le cas où un travail rude & ſuivi ſeroit indiſpenſable, on peut le rendre moins dangereux par l'uſage fréquent des boiſſons rafraîchiſſantes, telles que le petit-lait, ou de l'eau dans laquelle on mêleroit un peu de vinaigre, breuvage très-ſain & très-propre à fortifier le corps.

2°. L'habitude de ſe coucher au frais, lorſqu'on a ſouvent le plus chaud, ſans conſidérer qu'une tranſpiration interceptée peut avoir les ſuites les plus funeſtes.

3°. Boire de l'eau fraîche dans les mêmes circonſtances. J'ai déjà ſouvent parlé de cet abus ; mais il eſt des choſes que l'on ne ſauroit trop répéter. C'eſt, comme je l'ai dit, §. 27, une choſe bien étrange, que les gens de la campagne ſoient infiniment plus indifférents ſur leur propre ſanté, que ſur celle de leur bétail ! Nul Pay-ſan n'eſt aſſez ſtupide pour ignorer le danger qu'il y a de faire boire les animaux lorſqu'ils ſont en ſueur, ſur-tout s'ils doivent immédiatement après être renfermés dans l'étable ; cependant il ne lui vient point à l'idée que cela puiſſe lui nuire à lui-même.

4°. L'intempérie des ſaiſons. Comme le Payſan eſt obligé de vivre conti-nuellement en plein air, cette cauſe a d'autant plus d'influence ſur lui. Dans les pays de montagnes on paſſe ſouvent, pluſieurs fois le jour, du chaud au froid, de là les catarres, les rhumes & autres incommodités. Le meilleur moyen de les éviter, c'eſt, comme nous l'avons dit, §. 15 & 16, d'accoutumer de bonne heure les en-fants à ſouffrir le froid. Mais dans le cas où l'on n'a pas contracté cette heureuſe habitude, on n'a rien de mieux à faire que de ſe vêtir ſuivant la faifon. Tous les Ouvriers qui ont un peu de fageffe, ne manquent jamais de reprendre leurs habits au moment qu'ils ceffent de travailler.

Il arrive quelquefois qu'au milieu du jour le plus chaud, il furvient tout-à-coup une pluie froide & affez abondante pour inonder ceux qui font alors répandus dans les champs, & qui fuent à groffes gouttes, ce qui les met dans le cas de ceux qui boivent froid ayant chaud. Cet accident n'eft pas fort dangereux lorfque le foleil n'eft pas long-temps fans reparoître; mais, fi le froid continue, il en peut réfulter de grands maux. Dans le cas où le corps a été ainfi inondé, on ne peut mieux faire, de retour à la maifon, que de quitter fes habits & de fe laver avec de l'eau tiede. Si par hafard on n'avoit de mouillé que les jambes, un bain de pieds fuffi-roit. Quelle eft la bonne mere de famille qui ne prendra pas avec

plaifir le foin de préparer de l'eau
chaude, lorfqu'elle faura que dans de
pareilles circonftances fon mari ou
fes enfants vont rentrer au logis !

---

§. XLIX.

*Influence de l'air fur la fanté. Il eft
important de le renouveller fouvent.*

LE peu de foin que prend le Payfan de renouveller l'air de temps en
temps dans les lieux qu'il habite, eft
encore une grande fource de maux.
Tout le monde fait que dans une
chambre trop long temps fermée,
l'air fe corrompt & caufe des fie-
vres malignes, putrides ou autres
maladies graves. Or les Payfans qui
n'ont fouvent qu'une petite chambre dans laquelle, pere, mere, enfants, tout le monde fe tient nuit &
jour, ne peuvent affurément refpirer
qu'un très-mauvais air, fur-tout fi

comme il arrive quelquefois, cette chambre, presque toujours fermée, sert encore de dortoir aux poules & autres animaux domestiques.

Il seroit cependant bien aisé de parer aux inconvénients, il ne faudroit pour cela que renouveller l'air tous les jours, sur-tout le matin lorsqu'ils se levent, & laisser à chaque changement de saison, portes & fenêtres ouvertes assez long temps pour faire sortir entiérement le mauvais air ; mais le Paysan accoutumé à vivre parmi les bêtes, n'a guere plus de raison qu'elles, & ne sait rien faire du tout de ce qui pourroit étre utile à sa santé.

Tout ce que nous venons de dire est sur-tout de la plus grande conséquence pour les malades. C'est une erreur bien grossiere que de les étouffer à plaisir dans des chambres que l'on prend grand soin de tenir toujours fermées, pour qu'ils en aient d'autant plus chaud. On ne fauroit trop renouveller l'air dans la chambre d'un malade, principalement dans les maladies de poitrine ou de poulmon. Tous les gens fenfés, & nommément les Eccléfiaftiques & les Directeurs de confcience qui ont tant d'occafions de vifiter les malades, devroient avoir affez d'humanité pour chercher à faire comprendre au Peuple que le bon air eft auffi néceffaire aux malades que l'eau l'eft au poiffon ; qu'il ne peut ceffer d'être pur fans que notre fanté en fouffre, & que rien n'eft plus propre à le corrompre que les vapeurs qu'exhalent continuellement les corps de plufieurs perfonnes raffemblées fans ceffe dans un petit efpace. Les Médecins nous difent, & je l'ai moi-même obfervé plufieurs fois, qu'un des moyens les plus efficaces de foulager un malade, c'eft de renouveller de temps en temps l'air de fa chambre.

On ne sauroit douter que les vêtements, ceux de laine sur-tout, ne contribuent beaucoup à communiquer certaines maladies, & les pauvres gens sont le plus exposés à ce danger. Pour se garantir, & principalement les enfants dont la peau tendre est d'autant plus susceptible de toute mauvaise impression, on doit bien prendre garde de ne pas vêtir indifféremment toutes sortes d'habits, sans s'être bien assuré d'avance de la santé de ceux auxquels ils ont appartenu.

Un autre abus général, c'est la facilité avec laquelle les parents permettent à toutes sortes de personnes de baiser leurs enfants. Pour peu qu'un enfant ait de la gentillesse, tout le monde, les femmes sur-tout, s'empressent autour de lui ; c'est à qui le prendra dans ses bras, à qui lui fera plus de caresses, à qui lui donnera plus de baisers ; cependant on ne sauroit douter que beaucoup de

perſonnes n'aient une haleine mauvaiſe & une ſalive corrompue, & que
leurs careſſes ne lui ſoient par conſéquent dangereuſes.

Je ne puis m'empêcher de répéter
encore qu'il eſt de la plus grande
importance d'endurcir les enfants au
froid dès leur plus tendre jeuneſſe,
en ne les laiſſant preſque point appro-
cher du feu, même au milieu de l'hiver.
Rien n'affoiblit, ne rend pareſſeux &
mous comme de ſe trop chauffer ; auſſi
voyons-nous que ceux qui ſont accoutumés au froid, ſont infiniment
plus alertes & plus propres à toutes
ſortes de travaux : ce qui doit être
le but principal de l'éducation phyſique.

Fin de la premiere Partie.

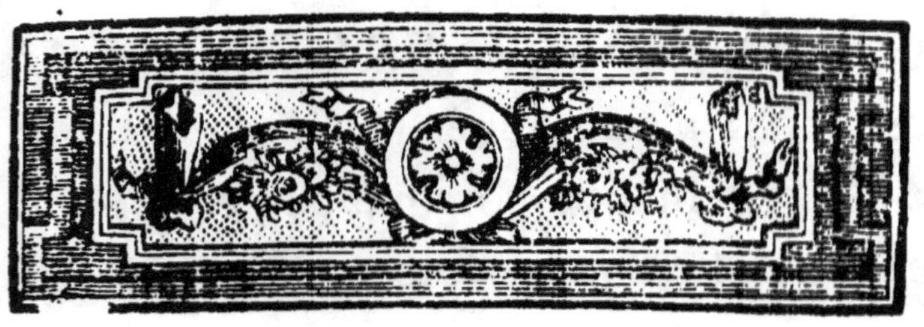

AVIS AU PEUPLE

DE LA CAMPAGNE,

Sur l'Éducation de la Jeunesse, relativement à l'Agriculture.

SECONDE PARTIE.

---

§. L.

Avis généraux.

C'EST peu que de former aux jeunes Paysans une constitution saine & robuste, il faut encore travailler à leur faire acquérir les qualités de l'ame, propres à les rendre d'honnêtes & sages Cultivateurs, des membres utiles à la Société. Le meilleur fonds de terre mal cultivé, ne produit que des ronces. Ainsi donc, après avoir traité de la maniere de former le corps des jeunes Villageois, il nous reste à montrer comment on doit s'y prendre pour leur former l'ame. Tout ce systême me paroît fondé sur trois points principaux : régler les passions, montrer le bon exemple, & n'employer que les corrections les plus convenables. Avant que d'aller plus loin, examinons chacun de ces trois points en particulier.

§. L I.

Importance de régler les premiers penchants.

IL est impossible de redresser un arbre auquel on a laissé le temps de pousser de profondes racines, c'est l'histoire de l'éducation. Si un jeune homme n'a pas, pour ainsi dire, sucé avec le lait, l'obéissance & la subordination, s'il n'a pas été accoutumé dès l'enfance à réprimer ses passions, tous vos efforts seront vains dans la suite, il n'écoutera point vos leçons; gardez-vous donc de perdre un instant. Dès qu'un enfant, par ses gestes ou ses regards, vous fait connoître qu'il commence à distinguer les objets & à vous comprendre, appliquez-vous à jeter dans son jeune cœur, les semences les plus capables de produire un jour les meilleurs fruits.

I

Mais fi vous voulez que cette femence puiſſe d'autant mieux fructifier, n'oubliez pas de détruire avec foin tous les mauvais penchants que vous remarquerez ; ce font nos premieres idées qui, pour l'ordinaire, déterminent à l'avenir notre maniere de penfer ; & ce qu'il y a de terrible, c'eſt que, pour peu que nous penchions plus vers le mal que vers le bien, dès-lors toutes les bonnes qualités de notre ame font fans force, & deviennent nulles. Mettez donc tous vos foins à empêcher que les mauvais penchants l'emportent fur les bons ; & attachez-vous fur-tout, à faire en forte que les premieres impreſſions foient bonnes : fouvenez-vous que, de celles que votre enfant va recevoir, dépendent fes premieres inclinations, & que celles-ci détermineront les bonnes ou les mauvaifes qualités de fon ame, les vertus ou les vices de fon cœur.

Il eſt donc très-important d'obſerver un enfant dès les premiers moments de ſa naiſſance; ſes premiers
ſentiments, ſont ceux de la douleur,
& cette douleur qu'il manifeſte par
ſes cris & par ſes larmes, vient de
beſoin ou de quelque mal-être; dans
le premier cas, il dépend de la mere
de le ſoulager promptement; dans le
ſecond, il n'en dépend pas toujours,
& c'eſt alors que la méthode n'eſt
point indifférente; la plus mauvaiſe
eſt de chercher à l'appaiſer à force de
careſſes; l'enfant s'appercevant bientôt que ſes larmes ſont un moyen ſûr
d'en obtenir de nouvelles, ne manquera pas de pleurer pour l'incommodité la plus légere; la moindre contradiction lui fera jeter les hauts cris,
& bientôt il pleurera ſans qu'il en
ait d'autre raiſon que celle de vouloir être careſſé. Je ſuppoſe que la
mere ne cherche point à le défaire
de cette mauvaiſe habitude, & à ré-

primer ſes premiers mouvements d'impatience : qu'arrivera-t-il ? Que dès
qu'elle tardera un inſtant de ſatisfaire
ſes deſirs, il ne ceſſera de l'importuner de ſes pleurs & de ſes cris ;
elle ſera ſon eſclave.

Mais que ſera-ce, ſi, comme il arrive trop ſouvent, cette mere trop tendre, non contente de ſatisfaire tous
les deſirs de ſon enfant, s'empreſſe
encore de les prévenir ? C'eſt alors
qu'elle doit s'attendre à voir les caprices, les fantaiſies de l'enfant augmenter en raiſon de ſon zele à lui
complaire : tantôt il lui demandera
une choſe, tantôt une autre ; enfin,
il portera ſes deſirs ſi haut, qu'il ſera
impoſſible à la mere de le contenter.

C'eſt ainſi que, dès le berceau,
nous pouvons contraſter des habitudes de la plus pernicieuſe influence
pour le reſte de notre vie. A peine
un enfant commence à bégayer, que
ſon eſprit ſe développe journellement

par le commerce de tous ceux qui l'en-
vironnent ; c'eſt alors que , ſans perdre
un inſtant, on doit s'étudier à faire
germer dans ſon ame , tous les ſentiments capable de le rendre heureux
un jour ; mais c'eſt d'ordinaire, ce
dont on s'occupe le moins. Il y a
plus, c'eſt que l'on fait ſouvent tout
le contraire. De peur de contrarier
un enfant, on lui laiſſe faire tout ce
qui lui plaît ; il a beau quereller ſes
camarades, les battre, tout cela n'eſt
que gentilleſſe, perſonne ne lui dit
rien : de jour en jour ſes mauvais penchants acquierent de nouvelles forces,
par l'exemple & le commerce de ceux
qui ſont auſſi mal élevés que lui ; à
meſure qu'il grandit, ſes vices croiſſent
au point, que bientôt ſes parents ne
peuvent plus le contenir : veulent-ils
alors uſer de leur autorité ? il ſe mo-
que également & de leurs avis &
de leurs menaces : heureux, s'il ne
pouſſe pas l'inſolence au point de

leur reprocher leurs propres défauts!

Or je demande ce que l'on doit penser d'un tel enfant, peut-on espérer qu'il devienne un jour un bon pere de famille, capable, en gouvernant convenablement sa maison, de concourir au bien général de toute la société? Mais, disent les peres, tous les conseils, toutes les exhortations sont inutiles auprès d'un enfant; il faut attendre que la raison lui soit venue, si l'on veut qu'il puisse en profiter! J'aimerois autant entendre dire à un Chirurgien qu'il attend la gangrene pour guérir une plaie; ou bien voir un laboureur attendre, pour ôter l'ivraie de son champ, qu'il en soit entiérement infecté. Que l'on observe attentivement un homme, & l'on reconnoîtra toujours que tels ont été les penchants de son enfance, tels ils sont encore dans l'âge mûr. Les premieres inclinations ont-elles été mauvaises? l'homme est querelleur, méchant, indomptable, perſonne ne peut vivre avec lui; s'eſt-on au contraire appliqué de bonne heure à lui donner de bons principes, lui a-t-on appris à ſubjuguer ſes paſſions? on le voit honnête, doux, ſociable, modéré en toutes choſes, en un mot, ne cherchant qu'à contribuer au bonheur de ſes ſemblables.

Si ces obſervations ſont vraies, comme on n'en ſauroit douter, n'y a-t-il pas de l'extravagance à attendre qu'un enfant ait ſix, ſept, ou huit années pour commencer ſon éducation? Quel eſt l'homme ſenſé qui ne rejettera pas cette méthode, comme le plus pernicieux de tous les abus? La premiere oppoſition, la premiere déſobéiſſance, la premiere inſolence doit être regardée de la part d'un enfant comme de la plus dangereuſe conſéquence pour l'avenir, c'eſt une choſe indubitable : cependant combien voit-on de parents ſe mettre en

peine de réprimer de telles libertés,
foit par un châtiment approprié, foit
même par des remontrances férieufes ?
Je conviens que le caquet d'un petit
enfant dont la langue commence à fe
dénouer mérite peu d'attention; mais
s'en fuit-il qu'il faille lui laiffer dire
indifféremment tout ce qui lui vient
à la bouche ? Un pere fage & plein
d'une tendre follicitude pour tout ce
qui peut tendre à l'avantage de fes
enfants, ne faura-t-il pas trouver mille
moyens de placer à propos nombre
d'exhortations capables de le produire ? Non feulement les Payfans n'en
ufent point ainfi , mais la plupart
donne dans une extrêmité toute op-
pofée ; entendent-ils un enfant jafer ?
ou ils ne font nulle attention à ce
qu'il dit, parce qu'ils croient que
c'eft temps perdu, ou s'il lui échappe
quelque mot déplacé, indécent, il ne
leur en faut pas davantage pour le
louer, pour le fêter, comme d'une

preuve de finesse, de subtilité d'esprit : quoi de plus propre à affermir l'enfant dans une habitude qui lui réussit si bien ?

Plût à Dieu que les peres & les meres voulussent sentir la nécessité d'accoutumer de bonne heure leurs enfants à l'obéissance, & à n'avoir jamais de volonté ! plût à Dieu qu'ils voulussent reconnoître tout le mal que leur fait leur sotte indulgence ! on les verroit plus soigneux de réprimer les premiers mouvements de colere ou d'impatience, être sourds à leurs cris, insensibles à leurs pleurs, ne leur jamais rien accorder de ce qu'ils demandent avec trop de chaleur ou d'importunité ; & sur-tout s'abstenir avec eux de ces extravagantes cajoleries qui les perdent plus que tout le reste. Qu'une mere fasse l'essai de cette méthode, elle en verra bientôt les plus heureux effets; quelque jeune que soit un enfant, lorsqu'il

voit que ſes pleurs, ſes cris, toutes
ſes importunités, loin d'émouvoir ſa
mere, ne lui valent de ſa part que
d'éternels refus, ſe le tient pour dit,
& ne pleure plus ; c'eſt le moment
qu'elle doit choiſir pour le contenter,
afin qu'il ſe perſuade toujours davantage que ſes importunités ſont la
ſeule cauſe du peu de condeſcendance
qu'elle a eu pour ſes deſirs. Peu-à-
peu elle l'accoutumera ainſi à ne lui
être point incommode par toutes ſortes de fantaiſies, & c'eſt de l'inſtant
qu'elle y ſera parvenue, qu'elle pourra
ſe flatter de le gouverner à ſon gré.

Mais qu'elle ſe garde d'une autre foibleſſe commune à quantité de meres,
je veux dire de tout refuſer, ou de
tout accorder ſans ſujet, & ſeulement par caprice ; il eſt de ces meres
inconſéquentes qui, dans de certains
moments, ne peuvent ſe laſſer de ca-
reſſer un enfant, & qui l'inſtant d'après
le maltraitent, ſans autre raiſon que

quelqu'accident qui leur aura donné de l'humeur. A de telles femmes, il suffit de la plus légere bagatelle pour causer la plus violente agitation : qu'un enfant survienne alors, pour peu qu'il bronche, il se voit aussi-tôt mal mené, châtié beaucoup au-delà de ce que la faute mérite ; le moins qui puisse lui arriver, c'est de se voir repoussé, chassé, par la même main qui lui prodiguoit toutes sortes de caresses quelques moments auparavant.

Il n'est rien de si préjudiciable à l'éducation que de semblables caprices, & les parents qui desirent voir leurs enfants soumis à leurs volontés, doivent mettre tout en œuvre pour se conduire toujours avec eux d'une maniere uniforme ; ils doivent savoir être complaisants, indulgents, ou inexorables & séveres, selon les circonstances. Lorsqu'ils se conduiront ainsi, ils peuvent être sûrs de toute la vénération de leurs enfants, & qu'ils s'empresseront de mériter leur amour par leur bonne conduite; en un mot, le meilleur moyen de tenir les enfants dans le devoir, c'est d'être ferme, plutôt que dur & inexorable. Un pere doit sans doute de la condescendance à son fils, mais cette condescendance doit être aussi sage, aussi réfléchie, qu'affectueuse.

§. LII.

Du bon Exemple.

LA meilleure de toutes les leçons est sans contredit celle de l'exemple; les parents doivent donc toujours s'observer avec le plus grand soin, pour que, soit en paroles, soit en actions, il ne leur échappe rien devant leurs enfants qui puisse faire une mauvaise impression sur leur ame; l'ouie & la vue sont de tous nos sens, ceux qui ont le plus d'influence sur nos perceptions : l'une nous préfente l'image des chofes, l'autre nous communique par la parole les idées de ceux avec qui nous vivons. Quoique la jeuneffe paroiffe en général peu fufceptible d'attention, l'expérience nous apprend néanmoins que tout ce qui frappe fes yeux ou fes oreilles, germe infenfiblement dans fon ame, & produit par la fuite de bons ou de mauvais fruits, felon la bonne ou la mauvaife qualité des idées qu'elle a réunies par ces deux fens. Qu'un enfant voie faire à fon pere, à fa mere, à ceux qui l'entourent, quelque chofe de malhonnête, qu'il leur entende tenir quelque propos obfcene ou médifant ; à l'inftant même, l'idée du vice s'infinue dans fon jeune cœur, & n'y fait que trop fouvent une impreffion ineffaçable. L'exemple eft pour les enfants d'une fi extrême conféquence, que, pour juger de ce qu'ils feront un jour, il ne faut qu'être inftruit de la conduite des parents; pour l'ordinaire, ils tranfmettent à leurs enfants leurs vertus & leurs vices, & il eft prefqu'impoffible que cela ne foit pas, puifque les actions de ceux - ci frappent fans ceffe les yeux de ceux-là : la préfence des enfants devroit donc fuffire aux parents, pour leur faire toujours remplir leurs devoirs avec exactitude.

§. LIII.

Des mauvaifes Compagnies.

IL ne fuffit pas de donner un bon exemple aux enfants, il faut encore leur ôter toute occafion de voir mauvaife compagnie, autrement la fociété des méchants pourroit leur faire plus de mal en un jour que les parents ne leur auroient fait de bien jufques-là. Les enfants commencent par s'amufer entr'eux de la maniere la plus innocente : dans la vue d'effayer leurs forces, c'eſt à qui arrivera le plus vîte en courant à un but, à qui ſera le plus adroit, à qui lancera une pierre d'un bras plus vigoureux; bientôt les querelles, mille déſordres ſe mettent de la partie, & ils finiſſent par devenir indomptables au point, que toute l'autorité des parents eſt inſuffiſante pour les ramener. Tous ceux qui ont eu tant ſoit peu occaſion d'obſerver la jeuneſſe des campagnes, ſavent combien ce que je viens de dire eſt vrai; cependant perſonne ne ſe met en peine de remédier au mal. Il n'eſt aucun Payſan qui, quand il ſait que le bétail de ſon voiſin eſt attaqué d'une maladie contagieuſe, ne prenne grand ſoin de ſouſtraire le ſien au danger en l'éloignant; mais en eſt-il qui ſoient capables de la même attention à l'égard de leurs enfants? Combien de meres négligent les leurs, tandis qu'elles ne ceſſent de prodiguer à de vils animaux tous les ſoins dont elles ſont

capables ! Combien n'en voit-on pas
porter l'alarme dans tout le voisinage,
pour quelques poules égarées ? qui sont
aussi peu capables de s'inquiéter lorsqu'elles passent les jours entiers sans
voir leurs enfants, que de s'affliger
s'il leur arrive de hanter des compagnies propres à les porter à la déso-
béissance, au larcin, ou à tout autre
vice capable de les perdre ! S'il ne
faut qu'une brebis galeuse pour infecter tout un troupeau, il ne faut
aussi qu'un seul enfant vicieux pour
corrompre ceux de tout un village.
Un seul mouton, plus hardi ou plus
inconsidéré que les autres, suffit pour
entraîner tout le troupeau au-delà du
même obstacle qui l'avoit arrêté pendant long temps.

§. LIV.

Des Châtiments.

LA nature humaine est si corrompue, que, pour mettre un frein à ses mauvais penchants, il est absolument nécessaire d'avoir recours à certains moyens propres à remettre la jeunesse dans la bonne voie lorsqu'elle s'en est écartée : comme un torrent qui déborde peut faire beaucoup de mal, si l'on n'a pas eu soin de lui opposer une digue, de même les vices contractés impunément dans la jeunesse ne font que grossir de plus en plus, & deviennent enfin incorrigibles. La plupart des Paysans savent si peu distinguer les fautes de leurs enfants, ils sont si peu capables de les apprécier ce qu'elles valent, qu'ils font d'ordinaire un très-mauvais usage du châtiment. Il est des gens qui punissent très-sévérement des fautes pour lesquelles la plus légere marque de mécontentement suffiroit; d'autres beaucoup trop indulgents, laissent impunis des égarements de la plus dangereuse conséquence; d'autres encore ne savent que battre leurs enfants, les rouer de coups, ou bien jurer, pester contr'eux, les maudire, ce qui, loin de les rendre meilleurs, ne sert au contraire qu'à les rendre pires.

En fait de punition, le meilleur principe à suivre c'est d'avoir moins égard à la faute en elle-même, qu'au principe qui l'a fait commettre; en général, la plupart des fautes ne font dans la jeunesse qu'une suite de la vivacité de l'étourderie de l'âge; elle ne peut être un moment tranquille, l'agitation, le bruit, le fracas, les ris immodérés, voilà ce qui lui plaît le plus. Il est bon sans doute de chercher à la contenir le plus qu'il est possible, mais ce ne doit jamais être

qu'en uſant de la plus grande modération, & en prenant ſur-tout grand
ſoin d'éviter l'emportement & la colere. Il faut auſſi conſidérer que
comme il eſt impoſſible de prévenir
tous les petits déſordres, la ſageſſe
exige que l'on ferme ſouvent les yeux,
afin de n'être pas toujours dans le cas
de répéter des châtiments ou des menaces qui dès-lors ceſſeroient de
faire impreſſion. Je ne puis m'empêcher de blâmer la conduite de certains parents qui lorſque leurs enfants manquent de ſe conduire ſuivant
leurs intentions, ne ceſſent de les gron-
der pendant toute la journée, ſans
ſonger que cet excès de réprimande
n'eſt propre qu'à les rebuter & à les
rendre pires; qu'ils travaillent à leur
inſpirer de bonné heure la crainte de
leur déplaire, & ils verront que, ſemblables à une terre qui a d'autant
moins beſoin de ſemence, qu'elle eſt
mieux cultivée, un ſeul mot fera plus

d'effet fur eux, que ne pourroient faire toutes les exhortations, tous les châtiments poffibles fur des enfants mal gouvernés; ils doivent principalement s'étudier à réprimer certains vices très-dangereux & d'autant plus difficiles à déraciner, que l'on leur a laiffé pouffer de plus profondes racines : tels que le menfonge, par exemple, ce penchant qui eft très-commun, exige de la part des parents l'attention la plus févere, parce que tout ce qui tend à la fauffeté, à la mauvaife foi, ne peut que produire une foule de vices capables de porter le défordre dans toute la fociété. Il faut donc bien fe garder de montrer trop d'indulgence à cet égard, encore moins lorfqu'il eft queftion d'opiniâtreté, de défobéiffance, & de tout ce qui peut déceler une fecrete méchanceté : c'eft alors qu'il eft néceffaire de févir. Mais toutes les fois que l'on peut fe promettre de bons

effets de l'indulgence & de la douceur, on ne peut fe garder avec trop
de foin d'employer la févérité; cár
elle feroit auffi préjudiciable à la jeuneffe, que le font aux malades les
remedes violents de la Médecine,
lorfqu'ils leur font adminiftrés à contre-temps; dans le cas même où, après
avoir inutilement employé la douceur, on eft obligé de recourir aux
châtiments rigoureux, il faut mettre
tout en ufage pour faire comprendre
aux enfants, que c'eft avec peine &
uniquement par néceffité, que l'on
en ufe ainfi; il faut pendant la cor-
rection même, leur donner des mar-
ques de tendreffe : c'eft alors que l'on
pourra efpérer de les voir fe repentir
fincérement de leurs fautes; c'eft alors
qu'ils baiferont la main qui les châtie.

Il eft encore un autre point qui
mérite toute l'attention des parents;
comme tous les enfants ne fe reffemblent point, & qu'un feul mot pro-

duit quelquefois plus d'effet fur les uns, que le plus rude traitement ne peut faire fur les autres, il eft néceffaire de mettre beaucoup de différence dans le châtiment. En général les Payfans pourroient fe conduire très-fagement à cet égard, ils n'auroient befoin que d'employer envers leurs enfants, la même prudence dont ils favent fi bien ufer envers leurs animaux lorfqu'il s'en trouve quelqu'un plus pareffeux ou plus indocile que les autres. Mais comment s'y prennent-ils ordinairement pour corriger leurs enfants? C'eft en s'emportant contr'eux de la plus étrange maniere, en faifant fans aucune raifon beaucoup de tintamare, en caffant, brifant tout ce qui fe rencontre, en criant, jurant, tempêtant pour la moindre bagatelle; en un mot, en fe conduifant de la maniere la plus infenfée & la plus propre à produire les plus mauvais effets : qu'arrive-t-il? L'enfant qui fe voit ainfi traité s'endurcit, fe rebute, perd toute retenue, maudit fes parents, fes devoirs, & après avoir porté long - temps le trouble dans la famille, finit par l'abandonner.

Une méthode non moins infenfée, c'eft d'employer la menace à propos de tout, & d'héfiter enfuite fi l'on doit ou non l'accomplir : conduite ridicule, & qui n'eft propre qu'à détruire chez les enfants tout fentiment de crainte & de refpect. Il feroit infiniment plus fage de n'ufer de menaces qu'avec beaucoup de circonfpection ; mais s'il arrive que, fe laiffant emporter trop loin, on menace mal-à-propos un enfant de telle ou telle punition, il faut bien fe garder de lui laiffer appercevoir le moindre embarras, mais chercher quelque prétexte plaufible pour ne la lui pas infliger. Je fuppofe, par exemple, qu'un pere foit affez inconfidéré pour menacer fon fils de lui tordre le cou,

de lui caſſer bras ou jambes, &c.
qu'auroit-il à faire pour réparer ſa
faute, ſans ſe rendre ridicule aux yeux
de l'enfant? Il pourroit prétexter une
action louable, en faveur de laquelle
il oublieroit la faute; il pourroit engager la mere ou quelqu'autre perſonne à implorer ſa clémence, & par-
donner à l'enfant ſur l'interceſſion d'autrui. En un mot, quoi que l'on faſſe,
il faut ſur toutes choſes ſe garder de
faire ſuccéder les careſſes aux menaces, & paroître ſe repentir d'avoir
été trop loin, ſi l'on ne veut pas
autoriſer la jeuneſſe & la mettre dans
le cas d'abuſer d'un foible qui ne peut
échapper à ſa pénétration.

§. LV.

De l'accord qui doit régner entre les peres & meres, & de l'impartialité qu'ils doivent avoir pour leurs enfants.

UN des points les plus importants de l'éducation, est sans doute l'accord de sentiments qui doit régner entre les peres & les meres ; toutes leurs remontrances, tous leurs châtiments deviendroient parfaitement inutiles, si lorsque l'un d'eux veut sévir, l'autre avoit la foiblesse d'excuser ou de plaindre l'enfant ; encore moins la mere doit-elle le caresser, lorsque le pere l'a réprimandé ou puni, si elle ne veut pas détruire absolument son ouvrage : il faut donc que la paix & l'union regnent toujours entr'eux ; car sont-ils désunis, les enfants ne manquent point de s'attacher au parti qui les protege ; de là toutes

K.

sortes de troubles & de désordres dans la famille.

Une autre raison rend cette parfaite intelligence, cette harmonie de sentiments absolument nécessaire pour prévenir la jalousie, l'animosité entre les freres & les sœurs; malheur d'autant plus terrible, qu'il ne cesse souvent qu'avec la vie, & qu'il est pour l'ordinaire, l'unique fruit de l'injuste partialité des peres & meres. J'avoue que cette partialité, ce secret penchant qui porte à préférer un enfant à un autre, que l'on a beaucoup de peine à vaincre, & dont souvent on ne s'apperçoit pas soi-même, est quelquefois inspiré par la nature sans que l'on puisse le justifier. J'avoue encore qu'il est des enfants plus dignes en effet de l'estime & de la tendresse de leurs parents; & que par conséquent il est aussi juste que naturel de distinguer leur mérite. Mais il n'en est pas moins certain que quiconque est jaloux de faire régner la paix dans sa famille, doit mettre tout en œuvre pour en écarter la jalousie.

Ainsi donc, aussi-tôt qu'un pere ou une mere s'apperçoivent que leurs enfants les soupçonnent de quelque prédilection pour l'un ou l'autre d'entr'eux, ils ne peuvent trop se hâter d'étouffer ce soupçon dès sa naissance. Ils y parviendront aisément, si toutes les fois qu'ils se trouveront dans le cas de châtier un enfant, ils témoignent aux autres leur satisfaction de ce qu'ils sont restés dans le devoir; & si, tant par leurs discours que par leurs actions, ils s'efforcent de faire comprendre aux uns & aux autres qu'ils doivent s'attendre à être toujours traités comme ils le mériteront. Cette conduite soutenue, convaincra les enfants qu'il dépend d'eux d'obtenir l'amour de leurs parents; non seulement ils ne verront point de mauvais œil la préférence accordée à

leurs freres ; mais ce traitement équi-
table excitant leur émulation, ils s'ef-
forceront de les imiter & de les fur-
paſſer.

Il eſt une diſtinction eſſentielle à
faire dans les enfants ; tous ne font
pas doués des mêmes facultés du corps
& de l'ame, d'où il ſuit qu'il feroit
injuſte d'exiger que tous rempliſſent
leurs devoirs dans le même degré de
perfection ; & qu'un enfant qui fait
tout ce qu'il peut eſt auſſi digne d'eftime & d'affection que celui qui, plus
favoriſé de la nature, en a auſſi plus
de moyens de ſe diſtinguer : que ré-
ſulteroit-il d'une prédilection trop
fenſible ? le voici. Je ſuppoſe qu'un
enfant ait moins d'intelligence qu'un
autre, ſes parents peuvent-ils ſe flatter
de le rendre plus habile, en ne ceſſant
de lui reprocher ſon peu de capacité ?
Non, non. L'enfant ſentant bien qu'il
ne dépend pas de lui de mieux faire,
& qui ne voit aucun autre moyen de

s'attirer leur bienveillance, se dégoûte insensiblement d'y travailler,
perd bientôt tout-à-fait courage, le
dépit s'empare de son cœur; il finit
par le désespoir. Je ne connois point
d'être plus digne de pitié, qu'un malheureux enfant qui se voit l'objet du
mépris & de la haine de ses parents.
C'est presque comme si tout le monde
avoit à la fois conspiré de se moquer
de lui, de le maltraiter, de l'outrager; de quelque côté qu'il se tourne,
il ne reçoit que mauvais accueil. Ses
freres mêmes, qui souvent n'ont ob-
tenu la préférence sur lui qu'à force
d'impudence & de présomption, deviennent ses plus ardents & ses plus
rudes persécuteurs.

Communément c'est à l'imprudence, à la folie des meres, que l'on
doit attribuer tant de maux : ont-elles
quelque friandise? quelque nouveau
jou-jou? c'est à l'enfant chéri qu'elles
le destinent. Elles ont le plus grand

foin d'épargner à leur idole toute efpece de chagrin ou de mortification. S'il fe préfente quelque chofe de difficile ou de fatiguant, capable de contrarier leur favori, ce font fes freres qu'elles chargent du travail, fans même s'embarraffer s'ils ont affez de forces & d'adreffe pour s'en bien acquitter. Tout ce que le bien-aimé dit, tout ce qu'il fait, eft toujours à merveilles; & que qui que ce foit, le pere même, ne s'avife pas de le blâmer, encore moins de lever la main fur lui en maniere quelconque.

Ceci me rappelle une louable coutume des Lacédémoniens : ce Peuple fage, convaincu de l'extrême influence de l'éducation fur le bonheur d'un Etat, vouloit non feulement que tout Citoyen eût le droit de châtier le premier enfant qu'il trouvoit repréhenfible, mais l'autorifoit encore à épier les démarches de la jeuneffe & à les prévenir, lorfqu'il avoit lieu de la foup-

çonner de mauvaife intention ? Combien ne feroit-il pas à fouhaiter que
cet ufage s'établît par tous lieux, &
particuliérement dans certaines contrées, où perfonne ne peut s'avifer
de blâmer l'enfant de fes voifins, fans
s'expofer à leur haine & à leur vengeance ?

---

§. LVI.

Avis particuliers.

J'ai tâché jufqu'ici d'indiquer, en
général, les préceptes les plus propres
à fervir de regles aux peres & meres
dans l'éducation morale de leurs enfants ; je paffe maintenant aux préceptes particuliers qu'ils ont à fuivre
pour faire de bons & honnêtes Payfans, de fages & habiles Cultivateurs.

Pour parvenir à ce but important,
il faut commencer par éclairer la raifon de la jeuneffe, former fon cœur

K iv

& la rendre en tout fouple & docile.

La raifon des enfants s'éclairera fi les parents & les Maîtres d'école concourent également à leur donner de bonnes inftruÃ©ions. Les parents peuvent leur enfeigner beaucoup d'excellentes chofes qu'ils ne fauroient apprendre à l'école, tant parce qu'ils y font en trop grand nombre, que parce qu'on ne peut y faire toutes les expériences convenables; tandis que de leur côté les Maîtres peuvent leur donner nombre de connoiffances utiles qu'ils ne pourroient recevoir à la maifon, foit par l'impéritie des parents dans la meilleure méthode d'enfeigner, foit parce qu'ils ne font pas eux - mêmes inftruits de ce qu'il eft à propos que leurs enfants fachent; de forte que, comme je viens de le dire, le fuccès dépend du concours des uns & des autres.

✳

§. LVII.

En quoi confiſtent les inſtructions que les peres peuvent & doiyent donner à leurs enfants.

UN pere qui veut donner de bons préceptes à ſon fils, doit conſidérer d'abord quelles ſont les connoiſſances qu'il a lui-même dans l'économie rurale, & s'appliquer enſuite à les lui communiquer de ſon mieux, en proportionnant ſes leçons à la capacité & aux forces de l'enfant. Mais comme l'agriculture varie ſuivant les différents lieux, qu'à certain éloignement la maniere de vivre, le climat, le ſol ne ſont plus les mêmes, il doit principalement s'efforcer de l'inſtruire dans la méthode la meilleure & la plus générale. S'agit-il de planter une vigne? il lui fera remarquer avec ſoin la maniere particuliere dont il faut s'y

prendre, relativement au local, à l'espece de terroir dans lequel se fait l'opération, & ainsi du reste.

Mais, dira-t-on peut-être, vous
avez dit que les Paysans sont très-
peu versés dans tout ce qui concerne
l'économie rurale, & vous prétendez
maintenant qu'ils doivent en donner
des leçons : quelle contradiction !

Il est vrai, j'ai dit & je répete
encore, qu'il est parmi eux peu de
Cultivateurs entendus, & c'est juste-
ment la raison qui m'a porté à écrire
ceci ; mais lorsque je ne parle des
instructions que les peres doivent
donner à leurs enfants, qu'après avoir
fait connoître celles que peut dicter
l'ignorance, est-donc me contredire ?
J'ai principalement en vue les peres
qui, jaloux de s'instruire, cherchent
tous les moyens d'améliorer leur conduite, saisissent avec empressement
tous les moyens d'instruire leurs enfants, & de remplir dignement leurs

devoirs. Ces gens-là n'entreprennent aucun travail sans avoir leurs enfants pour témoins ; sans leur expliquer la raison pour laquelle il est nécessaire de s'y prendre de telle ou telle façon, plutôt que de telle ou telle autre : il les font travailler sous leurs yeux, & leur font exécuter des choses qu'ils n'auroient pu faire sans leur secours. Ils savent les exciter à propos par l'aiguillon de l'éloge qu'ils emploient, sur-tout lorsqu'ils peuvent leur rendre raison de ce qu'ils viennent de faire ; & s'il leur arrive de se tromper, ils savent que la douceur est le meilleur moyen de le leur faire connoître. En général les enfants font volontiers ce qu'ils voient faire à leur pere, & se plaisent assez à imiter les gens d'un certain âge ; & un excellent moyen de les former à l'agriculture, seroit de les produire dans la compagnie des personnes les plus versées dans cette partie ; au Village

K vj

on se plaît, comme par-tout ailleurs, à parler de ce qui intéresse ; aussi voit-on les jours de Fêtes les Pay-sans les plus entendus se rechercher, s'entretenir ensemble de leurs affaires, & se consulter les uns les autres sur la meilleure maniere de se conduire dans tel ou tel cas ; voilà l'école où la jeunesse peut s'instruire ; c'est là la société qui lui convient.

§. LVIII.

Comment les pauvres peuvent instruire leurs enfants.

Tout ce que nous venons de dire est très-praticable pour les Paysans aisés ; mais les pauvres gens, chargés de famille & obligés de travailler chez les autres pour gagner leur vie, comment feront-ils pour procurer à leurs enfants de bonnes instructions ?

Les pauvres ne doivent pas moins

que les autres tous leurs foins, toutes leurs attentions à leurs enfants; c'eft un devoir commun à tous les peres, parce que tout homme, fans exception, étant étroitement lié à la fociété en général, eft indifpenfablement obligé de contribuer à fon bien-être par fon travail & fon induftrie, & que nul membre de cette fociété ne fauroit refter oifif qu'aux dépens de tout le refte : d'où il fuit que chaque pere ne peut apporter trop de foin à bien élever fes enfants, puifque les maux fans nombre qui réfulteroient de fa négligence feroient irréparables. Les bons préceptes font aifément impreffion fur la jeuneffe; mais fort aifément auffi cette impreffion fe diffipe, fi perfonne ne prend foin de la renouveller, & c'eft à quoi les peres font plus obligés que perfonne.

Si les pauvres journaliers ne peuvent inftruire eux-mêmes leurs enfants, ils doivent chercher d'autres moyens de remplir ce devoir, foit en leur faifant apprendre un métier, foit en les mettant au fervice de quelque bon Laboureur, en état de leur donner de bons principes dans l'agriculture. Mais comme perfonne n'aime à fe charger d'enfant vicieux adonnés à la pareffe & à l'oifiveté, il eft néceffaire que les peres & les meres travaillent de bonne heure à rendre leurs enfants dociles & obéiffants, & à leur apprendre tout ce qui peut leur être utile dans le lieu où ils veulent les établir. Le nombre des Payfans pauvres ne feroit pas fi confidérable, fi l'on apportoit plus de foin à rendre la jeuneffe active & laborieufe. Pourquoi voyons-nous tant de terres en friches ? c'eft faute de bras pour les cultiver ; c'eft que les bons colons, les cultivateurs entendus font trèsrares. Un bon & honnête Laboureur qui entend fon métier, & qui ne perd

pas de vue le véritable intérêt de
sa famille, trouve toujours assez aisément sa subsistance par-tout où il se
rencontre. Dira-t-on qu'il n'y ait aucun avantage à travailler pour autrui ? Peut-on nier que beaucoup de
gens se soient tirés de la misere par
cette voie, & qu'elle leur ait servi
à acquérir assez de bien pour la subsistance de leur famille ?

Il seroit encore fort à desirer que
les parents fussent en état non seulement de rendre leurs enfants capables d'améliorer le bien-être de la
famille, en gagnant leur subsistance
journaliere, mais encore de les exercer à plusieurs genres d'occupation;
& cela ne seroit pas aussi difficile que
le pensent les fainéants & les lâches
qui ne savent ce que c'est que de s'occuper du lendemain. S'il est des temps
dans l'année où le Paysan surchargé
de travail, goûte à peine un instant
de repos, il en est d'autres aussi où,

faute d'induſtrie, il eſt obligé de dé-
penſer dans une honteuſe oiſiveté
tout ce qu'il a gagné juſques-là. Quel
avantage ne ſeroit-ce pas tant pour
les peres que pour les enfants, ſi les
uns & les autres pouvoient employer
utilement le temps où l'on eſt forcé
de diſcontinuer les travaux de la campagne ? Ne pourroient - ils pas, par
exemple, s'exercer alors à fabriquer
ou à réparer les divers inſtruments
qui ſont à leur uſage ? Il arrive ſouvent que ces uſtenſiles ſe rompent ;
de là deux inconvéniens, ou l'on
eſt obligé de recourir à l'ouvrier, qui
ſe fait toujours payer d'autant plus
cher que l'on a plus de beſoin de lui,
ou l'on ſe trouve dans la dure néceſſité de négliger certains travaux dans
le temps qui leur ſeroit le plus propice. Un cheval, un bœuf peuvent
ſe déferrer, ne ſeroit-il pas très-utile
aux Payſans de pouvoir ſe ſuffire à
eux-mêmes en pareil cas, & dans

nombre d'autres qui peuvent avoir des fuites fâcheufes ?

Il eft donc à propos d'exercer la jeuneffe à fabriquer elle-même divers uftenfiles, & de la mettre à portée de s'occuper toujours utilement, afin que quand la terre eft couverte de frimats, elle puiffe, par fon travail, fe mettre à l'abri de l'indigence, & qu'elle ne foit pas forcée d'abandonner fon pays, pour aller vivre ailleurs. Tous ces maux difparoîtront, lorfque les peres, outre l'agriculture, voudront apprendre, ou faire enfeigner à leurs enfants tout ce qui, dans tous les temps, peut leur fervir de reffource. Veut-on qu'une peuplade quelconque foit véritablement utile au bien public ? Que l'on ne faffe pas confifter cette utilité dans le nombre de fes membres, mais dans l'aifance dont jouit chaque famille ; mais dans la facilité où fe trouve chaque individu, de fe procurer un entretien convenable.

Que l'on ne croie cependant pas que dans les diverfes occupations où je dis qu'il eft utile d'exercer la jeuneffe, je comprenne les différents arts qui font en ufage dans les Villes; les habitants des campagnes ont bien affez à faire à cultiver leurs terres fans s'occuper de chofes de cette efpece. Tous ces arts ne leur conviennent point, non feulement par cette raifon, mais encore par rapport à la dépenfe qu'ils exigent, & parce qu'ils ne pourroient fervir qu'à les énerver ou à leur ôter le goût de l'agriculture. Je fuis donc bien loin de les admettre, ainfi que les profeffions qui exigent que l'on foit affis & que l'on ne peut exercer au grand air : telles que celles de Tailleur, de Cordonnier, & autres femblables, toutes peu compatibles avec les travaux de la campagne, en ce qu'elles ne peuvent encore que débiliter le corps, le rendre infirme & incapable de fatigue.

Outre les uftenfiles propres au labourage, il en eft beaucoup d'autres très-néceffaires aux Payfans, tels que ceux qui appartiennent à la cuifine ou à la cave, les chapeaux de paille, les paniers, les corbeilles, & tous les ouvrages de vanier; les balais, les vergettes & une infinité d'autres auxquels les enfants pourroient mettre la main & travailler comme à l'envi, fi le pere leur en montroit l'exemple & s'appliquoit conftamment à exciter & à réveiller à propos en eux l'activité & l'amour du travail. Comme toutes ces chofes peuvent fe faire au grand air & qu'elles exigent un certain mouvement, elles n'en font que plus propres à fortifier le corps.

Les Payfans ne ceffent de fe plaindre que l'argent eft rare, & qu'ils ne gagnent rien, tandis qu'ils ne fe donnent aucune peine pour s'épargner mille dépenfes! que ne fe mettent-ils en état de fe fournir par eux-mêmes,

de mille chofes dont ils ont tant d'occafions de fe fervir, & dont la furabondance leur feroit profitable même
en les vendant; qu'ils calculent feulement tout ce que leur coûtent leurs
cordages, leurs charrues, leurs chapeaux de paille, & ils verront fi j'ai
tort. Tous les maux qui réfultent
de l'inertie ou de l'embarras du Payfan, ne font que trop grands & trop
connus; mais loin de fonger à les
éviter, perfonne ne veut au contraire
adopter d'autres ufages que ceux de
fes ancêtres.

§. LIX.

Comment les meres doivent élever leurs filles.

Les moyens que j'ai proposés jusqu'ici pour mettre les peres en état de donner à leurs fils une éducation capable de les rendre les soutiens de leur famille, peuvent aussi servir aux meres à instruire convenablement leurs filles. L'oisiveté est de toutes les maladies la plus dangereuse pour les gens de la campagne ; mais si c'est pour eux une vraie peste, les suites qu'elle entraîne ne sont pas moins funestes à toute la société : & les femmes doivent sur-tout s'en garantir.

Une mere active & laborieuse, qui ne cesse de s'occuper du bien spirituel & temporel de ses enfants, ne souffre point que ses filles vivent dans la paresse & la nonchalance, dès qu'elles commencent à être fusceptibles de quelqu'inftruction, & d'être employées à quelque chofe utile. Si elle a été elle-même bien élevée, elle ne manquera pas de leur communiquer les fages inftructions qu'elle aura reçues; & fi, par malheur elle a été négligée dans fa jeuneffe, ce fera pour elle une raifon de plus de leur donner tous fes foins. Elle fait trop, par fa propre expérience, à quels dangers on expofe une jeune fille en la laiffant croupir dans l'oifiveté, & courir les champs avec une jeuneffe mal élevée & vicieufe, pour ne pas chercher de tout fon pouvoir à mettre fes filles à l'abri de tant de maux. Cette bonne mere les exercera foigneufement tant au-dedans qu'au dehors à diverfes occupations utiles : & pour cet effet elle joindra l'exemple aux leçons à la maifon, jufqu'à ce qu'elles foient en état de faire la cuifine, de cuire le pain, & de s'appliquer à d'autres

ouvrages qui exigent de la force &
de l'habileté ; elle les fera coudre,
filer, tricoter, &c. aux champs ; elle
les prendra avec elle, & les emploiera
à farcler, à arracher les mauvaifes
herbes. Elle leur enfeignera, d'une
maniere auffi indulgente qu'affectueufe, comment elles doivent fe conduire, relativement aux différentes
occupations qu'elle leur donne. Elle
leur apprendra à diftinguer les bonnes plantes des mauvaifes ; à cultiver
à propos les diverfes femences, afin
qu'elles puiffent produire une récolte
d'autant plus abondante, qu'elles auront pu croître librement & avec vigueur ; en un mot, elle ne négligera
aucune occafion de leur faire faire des
remarques utiles. Durant le travail,
elle aura avec elles divers entretiens
proportionnés à leur intelligence ; &
pour les faire travailler avec d'autant plus de joie & d'application, elle
pourra leur chanter toutes fortes de

cantiques à la louange du Créateur, & même leur apprendre diverses chanfons innocentes & champêtres.

§. L X.

De l'oifiveté & des Mendiants.

C'est lorfque les parents donneront de femblables leçons à leurs enfants, qu'ils pourront fe flatter de les rendre véritablement propres à leur deftination. Heureux le pays, où la jeuneffe feroit élevée ainfi dès le berceau ! mais hélas ! que les Payfans font loin, pour l'ordinaire, d'apporter tant de foins à l'éducation de la jeuneffe !

Dans la plupart des villages, & particuliérement dans ceux qui femblent être les plus heureux, par la quantité de vignes ou de mûriers qui s'y rencontrent, combien ne voit-on on pas de malheureux adonnés à la vie la plus déréglée? Combien ne trouve-t-on pas de fainéants qui, loin de se donner aucune peine pour gagner convenablement leur vie, pouffent la lâcheté au point même de ne pourvoir en aucune maniere à la subfiftance de leurs enfants! qui les laiffent courir çà & là, couverts de miférables haillons, périffant de faim, deftitués de tout fecours & de toute inftruction! Combien de peres & de meres ne voit-on pas croupir dans la plus honteufe oifiveté, & qui, pour fe procurer quelque fubfiftance, ont recours à la reffource infame de tendre mille pieges à leurs honnêtes voifins, leur cherchent querelle, fement la divifion dans les familles, & commettent mille défordres! qu'arrive-t-il enfin? ou ils fe mettent à voler, ou bien ils rôdent par les villages, la beface fur le dos, & deviennent à charge aux honnêtes gens qui travail-

L

lent jour & nuit pour ne pas se trouver dans le même cas.

Le plus grand mal encore, c'est
que les enfants de ces misérables,
pressés par la faim, ou entraînés par
l'exemple de leurs peres, s'adonnent
au même métier dès leur plus tendre
jeunesse. Infortunés enfants! peut-on
assez déplorer leur sort? Malheur aux
pays où l'on tolere de pareils abus!
Il seroit bien temps (1) que les Magistrats, & tous ceux qui ont le pouvoir en main, voulussent les faire cesser. Qu'attendent-ils pour remédier
au mal, pour donner les ordres nécessaires, & les faire exécuter avec
la derniere rigueur? On ne peut exprimer l'excès de désordres où jette
certaines contrées la négligence où
l'on est à cet égard. Nombre de ces
misérables mendiants, lorsqu'ils ont

---

(1) C'est à quoi on a travaillé depuis quelques
années.

une fois mis bas toute honte, se trouvent si bien de cette profession, qu'ils
ne peuvent plus la quitter : il leur
est beaucoup plus commode de vivre
aux dépens d'autrui que du travail
de leurs mains. Combien ne voit-on
pas de jeunes garçons & de jeunes
filles traîner la besace de village en
village, tandis que l'on pourroit les
occuper à diverses choses utiles ! Combien de gens qui, sans la moindre
fortune, & ayant à supporter les plus
grosses charges, outre leur propre indigence, font néanmoins encore quelques charités, tandis qu'ils feroient
beaucoup mieux de contribuer à détruire cette maudite engeance ! Ces
gens-là ne savent pas qu'il vaut mieux
ne pas faire l'aumône du tout, que de
la faire mal-à-propos ; qu'il y a une
grande différence à faire d'un pauvre
à un pauvre, & que celui-là seul la
mérite, qui n'est malheureux que par
les coups du sort. Ces libéralités in-

confidérées ne fervent qu'à nourrir
l'indolence & l'oifiveté, fources de
tous les vices. Que l'on y faffe attention, & l'on verra que la plupart des
mendiants ne méritent aucune pitié. Il
eft même beaucoup de villes bien po-
licées, où ils ne font point foufferts.
La compaffion, la charité font fans
doute de grandes vertus, mais il faut
les exercer avec prudence & fageffe :
leur but doit être de diminuer &
non d'augmenter le nombre des mendiants.

On les verra toujours s'accroître
de plus en plus, auffi long temps que
l'on les affiftera fans diftinction, fans
faire attention à leur âge, à leurs forces ; fans examiner s'ils font ou non
en état de travailler. La pareffe eft
un mal qui fe gliffe aifément chez les
gens de la campagne ; ils fe difpen-
fent volontiers de travailler dès qu'ils
peuvent trouver quelque moyen d'appaifer la faim fans rien faire : fource

...intariſſable de déſordres, ſur-tout quant à l'Agriculture, dont la proſpérité eſt d'une ſi grande importance pour la ſociété entiere. On ne devroit donc jamais permettre à perſonne de mendier, ſans avoir préalablement examiné s'il y eſt contraint par la néceſſité ou par un lâche penchant. On a obſervé que, dans les campagnes, le nombre de mendiants étoit en proportion des gens aiſés, qui, ſans examen & ſans nulle réflexion, donnent à tous ceux qui leur tendent la main.

En attendant que l'on remédie à tous ces abus, il ſeroit du moins bien à deſirer que l'on ſe mît en devoir d'empêcher la jeuneſſe de ſe livrer à ce lâche & honteux métier : cet article eſt d'une aſſez grande importance, pour mériter qu'on y faſſe attention. Quelles ſuites funeſtes n'entraîne pas ce malheureux penchant à l'oiſiveté! Les exemples que nous avons

chaque jour fous les yeux, font plus
que fuffifants pour prouver combien
il eft dangereux de laiffer ainfi courir
les enfants de la maniere la plus impardonnable, fans les occuper & les
inftruire. Quoi de plus digne de la
charité des gens riches, que d'examiner avec foin les pauvres qu'ils rencontrent, & après avoir reconnu les
honnêtes indigents, de leur tendre
une main bienfaifante, en fe chargeant de l'éducation de leurs enfants!
La plupart de ces pauvres petites
créatures non feulement ne vont
point à l'école, mais n'apprennent
aucun métier, parce qu'il ne fe trouve
perfonne qui veuille leur enfeigner le
fien pour l'amour de Dieu; cependant eft-il d'action plus méritoire aux
yeux de la Divinité? Combien de gens
font en état par eux-mêmes de pratiquer la charité, en apprenant à ces
pauvres enfants un métier qu'ils exercent à leur aife? Quel avantage la fo-

ciété ne retireroit-elle pas des foins
& des inftructions qu'une femme honnête & inftruite pourroit donner quelques heures par jour à certain nombre d'enfants, au moyen d'une rétribution convenable qu'elle pourroit
recevoir de toutes les perfonnes capables de chérir le bien public ! En déli-
vrant ainfi les peres & les meres d'un
fardeau auffi pefant pour eux, que celui
de veiller fur leurs enfants pendant
quelques heures, on leur donneroit
plus de facilité pour fe procurer leur
propre entretien, en donnant aux filles
une occupation modérée, on les fouf-
trairoit aux mauvaifes compagnies ;
elles apprendroient à fuir l'oifiveté :
& il y a lieu de croire qu'elles deviendroient avec le temps d'excellentes meres de famille. Mais comme les
Payfans font eux-mêmes obligés tous
les jours de fonger aux moyens de fe
procurer leur fubfiftance, & que par
conféquent la plus petite dépenfe leur

eſt toujours onéreuſe, c'eſt donc aux riches compatiſſants & généreux, de faire l'acte de libéralité la plus agréable à Dieu, en ſe chargeant du ſoin de pourvoir à l'éducation de ces petits malheureux. Sacrifier une portion de ſes revenus au bien-être de ſes ſemblables, n'eſt-ce pas placer ſon argent au plus haut intérêt?

§. L X I.

Avantages des Ecoles publiques.

Avant que d'aller plus loin, il ne ſera pas ſuperflu de mettre les parents en état de reconnoître les avantages de l'éducation publique ſur l'éducation privée; afin que, perſuadés de cette vérité, ils puiſſent d'autant moins s'arrêter aux frais modiques que ce moyen exige : un petit nombre d'obſervations ſuffira pour jeter sur cette matiere tout le jour dont elle a besoin.

1°. Dans les écoles publiques, le desir de se distinguer de ses camarades est, pour un enfant, un puissant aiguillon qui le porte sans cesse à l'obéissance, à l'amour du travail, à la patience, à l'honnêteté ; avantage qui ne se rencontre point dans l'éducation privée, où il est rare que l'on puisse rassembler deux enfants de même âge. Les Anciens ont, avec bien de la justice, fait l'éloge d'un certain Roi d'Egypte, qui, ayant pris soin de rassembler de bonne heure autour de son fils plusieurs enfants de même âge, donna ordre au Gouverneur de cette petite troupe de l'exercer, sans aucune préférence pour son fils, dans toutes les sciences d'usage alors. En effet je ne connois rien de plus sage en fait d'éducation, que d'inspirer à la jeunesse de quelqu'état & condition qu'elle soit, une vive & constante émulation, ce qui est aisé dans les écoles, pourvu que le Maître sache blâmer, louer & récompenser à propos. Quoi de plus mortifiant pour un enfant bien né, que de se voir surpassé par ses camarades ! Il est sûr que rien n'est plus propre à l'exciter à l'application & à lui en adoucir la peine, que cette perpétuelle appréhension. Les éloges & les récompenses départies sagement & à propos, doivent sans doute aussi faire le plus grand effet sur une troupe de jeunes gens; c'est à qui participera le plus à ce prix accordé au mérite, tous travaillant à l'envi à s'en rendre dignes. S'il me falloit une preuve, je citerois l'exemple du Soldat Romain, à qui le seul amour de la gloire suffisoit pour lui faire faire les actions les plus étonnantes. Il faut seulement que le Maître entretienne cette émulation, de sorte qu'il n'en résulte aucune discorde, aucune haine. Il doit se conduire à-peu-près comme un sage laboureur qui d'ordinaire n'accouple pour le travail que des bœufs de même force, ou qui, s'il est obligé d'en user autrement, a grand soin de presser l'un & de retenir l'autre autant qu'il le juge nécessaire : mais nous traiterons ci-après plus amplement des devoirs des Maîtres d'Ecole.

2°. Il est encore très - important dans l'éducation, de rendre exactement justice à tous les enfants. Il semble qu'en général les pauvres se piquent d'autant moins d'honnêteté, qu'ils ont plus que les autres Classes de Citoyens l'espoir de voir leurs fautes impunies ; ils sentent fort bien que s'ils sont cités en Justice, les Magistrats, sûrs qu'il n'y a rien à gagner pour eux, seront sourds aux accusations. Pour porter tout le monde à l'observance des Loix & à l'amour de la Justice, il n'est point de meilleure maxime que celle que la Nature &

l'Ecriture-Sainte nous prêchent également : *ne fais à autrui, que ce que
tu veux que l'on te faſſe ;* ce ſeul précepte profondément gravé dans tous
les cœurs, ſuffiroit pour faire pratiquer les vertus qui importent le plus
à l'humanité. En ne le perdant pas
de vue, perſonne, ſoit dans ſes pen-
ſées, ſoit dans ſes actions, ne ſeroit
tenté de cauſer le plus petit préjudice à ſon ſemblable. La haine, l'ambition, la vengeance, la cupidité,
toutes les paſſions conſpireroient en
vain; tous les hommes ſe chériroient,
s'entreſecoureroient; chacun voileroit
les défauts de ſon prochain du manteau
de la charité. L'Empereur Alexan-
dre Sévere connoiſſoit ſi bien l'importance de ce précepte, que non
ſeulement il l'avoit fait écrire en gros
caracteres ſur la principale porte de
ſon Palais; mais que toutes les fois
qu'il étoit obligé de ſévir contre le
crime, on le répétoit à haute voix

dans les rues par son ordre. Or, dans les Ecoles publiques, on a tous les jours mille occasions de le prêcher aux jeunes gens, & de les exhorter à l'observer religieusement les uns envers les autres; mais dans l'éducation privée, ou cette occasion manque, ou si elle se rencontre quelquefois, c'est absolument en vain, parce que des Paysans grossiers, souvent eux-mêmes peu rigides observateurs de cette Loi, ne peuvent, ou ne veulent pas l'enseigner. Combien n'en voit-on pas qui, peu contents de ce qu'ils possedent, ne cherchent qu'à s'enrichir aux dépens d'autrui ! Quel est celui dont les bestiaux ne causent jamais de préjudice à son voisin ? Combien y en a-t-il qui, dépouillant toute droiture, ne savent employer dans toutes leurs affaires, dans toutes leurs négociations que la ruse la plus condamnable ! Combien qui, pour se venger, ou seulement en vue de la plus mince rétribution, d'un misérable écot de cabaret, ne se font aucun scrupule de faire un faux serment! Tous ces maux & une infinité d'autres cesseroient de désoler les campagnes, si l'on avoit soin de prêcher de bonne heure à la jeunesse le précepte ci-dessus cité.

_ 3°. Souffrir patiemment l'injustice & l'outrage, est sans doute une grande vertu dans toutes les conditions ; mais la pratique en est sur-tout recommandable aux Paysans, auxquels il importe de n'être pas distraits de leurs occupations journalieres ; & il est encore beaucoup plus facile de l'inspirer à la jeunesse dans les Ecoles, qu'à la maison, où souvent la discorde regne entre le pere, la mere, la belle-fille, le gendre, les freres, les sœurs, & quelquefois parmi tous les membres de la famille, à la honte de chacun d'eux.

4°. Les corrections, les châtiments que l'on emploie dans les Ecoles contre les enfants diftraits, pareffeux, menteurs, libertins, opiniâtres, font des exemples très-propres à rendre les autres plus attentifs à leurs devoirs & à toute leur conduite. Les plaifanteries du Maître, les railleries des camarades, lorfqu'il arrive à l'un d'eux de contracter une mauvaife habitude, ou même de commettre quelqu'inadvertence, ne font pas non plus de petits moyens d'amendement; mais tous ces moyens manquent à la maifon; ou fi par hafard on en fait ufage, c'eft pour l'ordinaire fi mal-à-propos, d'une maniere fi gauche, qu'ils font moins propres à produire un bon qu'un mauvais effet.

5°. Enfin l'ordre qui s'obferve dans les Ecoles bien réglées, tant par rapport aux heures qu'à l'égard de l'enfeignement, eft un objet digne, ce femble, de quelqu'attention. Je demande fi l'on peut efpérer de le voir régner dans des maifons de Payfans

fans cesse appellés çà & là par différentes affaires, ou sujets à être distraits par l'un ou l'autre voisin? Que
devient alors l'inspection de la jeunesse? peut-elle se faire exactement?
On sent assez que non, sans que je
m'arrête à le prouver. Or, si tous ces
avantages & tant d'autres dont je ne
parle pas se rencontrent dans les
Ecoles publiques, si l'éducation pri-
vée n'en est que peu ou point susceptible, est-il difficile de décider?

Le plus grand inconvénient des
Ecoles publiques, c'est le danger des
mauvaises compagnies, sur-tout lorsque les enfants y vont ou qu'ils en
reviennent : il arrive souvent qu'ils
partent trop tôt de la maison, & qu'au
retour ils s'arrêtent le plus qu'ils peuvent, ou pour jouer chemin faisant,
ou pour courir çà & là, & commettre mille espiégleries ; mais ces inconvénients sont d'autant moins capables de balancer le grand nombre

d'avantages, que l'on peut les diminuer de beaucoup, & même les faire cesser tout-à-fait : il ne faut pour cela qu'une attention un peu suivie, tant de la part des parents que de celle du Maître.

Mais, dit-on, c'est fort mal fait d'envoyer les jeunes Paysans aux Ecoles, pour deux raisons : la premiere, parce qu'il n'est point utile à l'état, que cette Classe de Citoyens sache lire, écrire, calculer ; la seconde, parce que les connoissances que les Paysans acquierent les dégoûtent de leur état & le leur font abandonner. Je vais tâcher de répondre à ces deux objections, de maniere à éclaircir pleinement la difficulté.

§. LXII.

S'il est à propos que les Paysans sachent lire, écrire & calculer.

QUOIQUE le plus grand nombre des gens habiles qui ont agité cette question, me paroisse être pour l'affirmative, il faut convenir néanmoins que tous ont appuyé leur opinion des preuves les plus solides. Ici comme ailleurs il est possible sans doute qu'il y ait des abus; il est même des exemples de plusieurs suites fâcheuses qui ont résulté de ce que certains Paysans madrés & peu conscientieux avoient appris à écrire; mais qu'en peut-on inférer? A mon avis, la solution de cette question dépend entiérement des principes bons ou mauvais que l'on donne à la jeunesse. S'il est des gens capables de faire un mauvais usage de leurs connoissances, il en eſt d'autres auſſi qui ne ſavent s'en ſervir que d'une maniere louable. Mais quant à la maniere d'élever la jeuneſſe, à quoi bon l'exercer comme on fait en beaucoup d'endroits, à lire de faux écrits, ou lui apprendre à déchiffrer les plus difficiles? Il me ſemble, qu'au lieu de la tourmenter ainſi en pure perte, il ſeroit plus raiſonnable de l'appliquer d'abord à l'écriture; parce qu'en apprenant à écrire, on apprend néceſſairement à lire les écrits.

S'il eſt intéreſſant pour un pere de famille de ſavoir lire & écrire, ne peut-il pas lui importer encore de ſa-voir compter? Combien d'erreurs, de tromperies ne ſe commet-il pas jour-nellement dans toutes ſortes d'affaires, dans des comptes de recette ou de dépenſe, lorſque le vendeur ou l'ache-teur, le débiteur ou le créancier, n'ont aucune connoiſſance du calcul! Il ne faut, pour s'en aſſurer, que ſe tranſporter dans un marché ou place publique. Mais pour éviter ces erreurs, il ne s'agit point d'enseigner aux jeunes Paysans l'Arithmétique à fond ; cela exigeroit trop de temps, & seroit superflu. Il est question qu'ils sachent seulement les premieres regles, c'est-à-dire, l'*addition*, la *soustraction*, la *multiplication* & la *division*, auxquelles on pourroit ajouter la regle de *trois* qui, pour sa grande utilité, est appellée regle d'or.

§. LXIII.

S'il est à propos de faire étudier les enfants des Paysans.

IL est plus difficile de décider si les Paysans font bien ou mal de faire cultiver à leurs enfants les Sciences & les Arts. Ceux d'entr'eux qui ne font pas contents de leur fort, desirent d'en changer, dans l'espérance de mener une vie plus heureuse : cette idée qui leur fait regarder leur condition comme un esclavage, les portant à en tirer l'un ou l'autre de leurs fils, ils ne s'en tiennent pas à lui faire apprendre à lire & à écrire; ils l'envoient aux Ecoles de latin. L'ambition ou l'avarice sont quelquefois les motifs qui les déterminent. Je crois bien qu'il est beaucoup de Paysans qui, s'ils avoient étudié, auroient meilleure grace, & seroient plus utiles à l'Etat; mais toutes les mauvaises suites que pourroit avoir cette fureur de la part du Paysan, m'empêchent de l'approuver.

Il est impossible de tirer une colonne de chaque bloc de marbre; & toutes les pierres ne font pas propres à la construction d'un édifice que l'on veut rendre durable : il en est de même des jeunes gens. Tous ne font pas propres aux études; tous n'ont pas la capacité de se procurer leur propre avantage, en travaillant inutilement à celui de la société : motif qui cependant devroit seul porter un pere à faire étudier son fils. A parler en général, je crois que c'est faire une grande faute, que de faire étudier un enfant, s'il n'annonce pas des talents peu communs. Combien de fils de Bourgeois, qui perdent leur temps au College dans l'oisiveté, les mauvaises compagnies, la débauche; auxquels l'agriculture, ou toute autre occupation économique conviendroit beaucoup mieux ! Il est sûr du moins que cette condition ne les mettroit pas dans le cas, comme il leur arrive souvent, d'être la ruine & quelquefois l'opprobre de leurs familles. Les Colleges même n'en seroient que plus florissants, les études plus en honneur, si cette source d'idées corrompues & perverses de querelles & de désordres de toute espece, étoit une fois tarie.

Et que l'on ne croie pas, lorsque

je parle ainſi, que je faſſe peu de cas des Sciences : me préſerve le Ciel d'avoir cette penſée ! Je ſais trop bien de quelle conféquence il eſt pour l'Etat d'avoir des Citoyens inſtruits ; je ſais auſſi que l'abus d'une choſe ne ſuffit pas pour en infirmer l'uſage, puiſque ce ſont les abus qui corrompent ſeuls les choſes les plus utiles & les plus louables. Je n'ai dit ceci que par amour pour mon pays, que tant de gens déſhonorent, en voulant mal-à-propos courir une carriere pour laquelle ils ne ſont point nés ; tandis que le petit nombre de vrais Savants ſe voit ſouvent expoſé à l'impertinence de cette tourbe orgueilleuſe & ignorante. Mais revenons.

Si donc il eſt dangereux d'appliquer trop inconſidérement à l'étude même les enfants de famille un peu diſtinguée, que ſera-ce donc, ſi cette manie gagne le Payſan, comme nous ne le voyons que trop tous les jours? Tel de ces Villageois croit se donner un grand relief, lorsqu'il peut dire : *mon fils qui est à tel College, mon fils le Prieur, mon fils le Curé, mon fils le Notaire, &c.* Insensé ! ne vois-tu pas que ce même fils que tu te prépares à sortir de son état, où il pourroit être utile à lui, à toi, à son pays, va bientôt te mépriser au point de regarder ses compatriotes, tout le monde, toi-même, par-dessus l'épaule? Ne vois-tu pas que, parce qu'il aura peut-être sur toi l'unique avantage de savoir lire & écrire, il te fera partout la loi ?

Tant de désordres ne seroient point à craindre, si les peres avoient eux-mêmes appris à lire & écrire, & qu'ils voulussent tenir toujours leurs enfants sous leur discipline. Il n'est pas rare de voir des gens qui n'ont point étudié, écrire beaucoup mieux que ceux qui ont employé plusieurs années de leur vie à apprendre le latin.

S.

§. LXIV.

Des qualités que doit avoir un bon Maître d'École.

UNE des choses qui importe le plus à l'éducation, c'est le choix des Maîtres. On croit communément que dès qu'un homme a étudié, il est propre à enseigner la jeunesse, c'est-à-dire, à la chose la plus difficile, comme la plus importante; de là le peu d'attention que l'on apporte à distinguer le mérite réel de l'homme auquel on confie cette rude & épineuse tâche. Souvent cette erreur n'a d'autre source que l'ignorance des parents; mais souvent aussi c'est à la tournure de leur esprit qu'il faut s'en prendre. Est-il question de choisir un Précepteur? ce sont moins les qualités de l'homme que le bon marché qui déterminent. De là les faux principes que reçoit la jeunesse; de là la

M

corruption, le libertinage, défordres auxquels il eſt ſi difficile, pour ne pas dire impoſſible, de remédier. Je me ſouviens d'avoir vu quelque part un Maître d'Ecole, qui ne pouvoit lire les mots latins de pluſieurs ſyllabes, ſans épeler comme ſes plus petits écoliers, & qui cependant occupoit cette place avec de fort bons appointements depuis pluſieurs années; & plût à Dieu que le cas fût plus rare !

Un Maître d'Ecole doit non ſeulement être doué de tous les talents qu'exigent ſes fonctions, mais il doit encore poſſéder beaucoup de vertus. Ses principales qualités doivent être le diſcernement & la ſageſſe. Tel qu'un cultivateur habile, qui ſachant parfaitement diſtinguer les différentes qualités des terres, ne manque point de proportionner ſon labour à la nature du ſol, pour ne point perdre ſon temps & ſes ſemences, tel un bon

Maître d'Ecole doit favoir faire la différence des caracteres, des génies, des
penchants de fes éleves, pour pouvoir
d'autant mieux fe conduire avec eux.
Un tel homme doit toujours prêcher
d'exemple. Il doit être patient, com-
plaifant, d'une humeur gaie & toujours
égale ; affable, doux & bon, fans foibleffe ; en un mot il doit réunir beaucoup plus de vertus qu'il ne s'en trouve
dans le commun des hommes. Il faut
voir tel de ces pédagogues, qui toujours gravement affis, la verge en
main, l'œil fixe & hagard, s'imaginant
pouvoir réparer par cette morgue, les
talents qui lui manquent, eft conftamment fans proférer un feul mot de
gaieté ou de douceur, tandis que fa
petite troupe, debout & fans mouvement, reffemble affez à une couvée
de petits pouffins confternés à l'afpect
de l'épervier.

Faut-il donc s'étonner fi la jeuneffe, en pareil cas, ne va à l'école

qu'à contre-cœur ? On sait qu'elle ne se porte pas volontiers aux choses qui ne lui offrent aucun agrément. C'est donc au Maître à mettre tous ses soins à ne pas la rebuter par de trop longues leçons ; il doit au contraire s'efforcer d'entretenir en elle le desir de s'instruire, soit en piquant son attention & sa curiosité par une méthode variée, soit en n'oubliant rien pour la persuader de l'utilité qu'elle doit retirer un jour de son application actuelle. Si un tel homme n'a pas les qualités que je viens de dire, il ne faut pas s'attendre à voir les enfants aller joyeusement à l'école ; ils iront, mais la larme à l'œil, mais uniquement par force, & de la même maniere qu'un soldat poltron marche à l'ennemi.

§. LXV.

Il faut éviter la trop grande sévérité.

LOIN de conduire la jeuneſſe par la rigueur, il faut, en l'inſtruiſant, avoir toujours l'air de vouloir l'amuſer ou la diſtraire. Cette excellente méthode qui, au lieu d'étouffer le talent, ne ſert au contraire qu'à le développer & à lui faire prendre tous les jours un nouvel eſſor, contribue beaucoup à la ſanté des enfants. On ne devroit jamais les faire lire, écrire, ou en exiger quoique ce ſoit, ſans leur préſenter ces diverſes occupations comme une ſorte de jeu. La gaieté, l'activité ſont en général fort utiles à tous les hommes, mais elles le ſont ſur-tout à la jeuneſſe; elles lui ſervent comme de contre-poiſon contre toutes ſortes de maladies que la crainte, l'habitude d'être pluſieurs

M iij

heures de fuite à la même place, & la furabondance d'humeur réfultante de cette contrainte, ne manqueroient pas de lui caufer. Je crois en avoir affez dit là-deffus dans la premiere partie de cet Ouvrage, pour devoir épargner au Lecteur des répétitions qui ne feroient que l'ennuyer. Tout ce que je me permettrai d'ajouter, c'eft que fi les Maîtres favent s'y prendre, s'ils favent exciter à propos dans les enfants le defir de fe diftinguer, de fe furpaffer, au lieu des corrections manuelles auxquelles la jeuneffe s'habitue & qui ne font que l'avilir, il fe contentera de condamner les enfants pareffeux ou peu attentifs, à être préfents aux inftructions des autres, fans y participer pendant un certain temps; & cela comme indignes d'un avantage auquel les bons fujets feuls doivent avoir droit. J'ai moi-même été plus d'une fois témoin de l'effet de cette punition; j'ai vu les larmes

ameres qu'elle a fait répandre en abondance ; j'ai même vu des enfants pouſ-
ſer la ſenſibilité aſſez loin en pareil cas,
pour ſupplier le Maître de vouloir leur
infliger une autre punition, celle-ci
leur étant inſupportable. Mais il ne
faut pas s'attendre à de pareils effets,
ſi l'on ne gagne pas l'amitié de la
jeuneſſe, par des manieres affectueuſes
& par toutes ſortes d'encouragements.
A moins de cette ſage conduite, elle
ne ſera au contraire jamais plus joyeuſe
& plus contente que lorſque l'on lui
donnera congé : car, pour l'ordinaire,
ſa plus grande peine eſt celle d'aller
à l'école.

§. L X V I.

De la méthode que doivent employer les Maîtres pour instruire la jeunesse.

JE ne vois pas en effet pourquoi les jeunes gens se plairoient à suivre certaines écoles ; sans compter que les Maîtres n'ont souvent aucune des qualités requises, il est très-sûr que plusieurs d'entr'eux ne sont pas nés pour cette profession. Avant que d'examiner quelle est leur conduite ordinaire, voyons dans quelles vues les Paysans peuvent envoyer leurs enfants à l'école.

Leur premier but est sans doute de leur faire apprendre à lire & à écrire ; en second lieu, de leur donner du calcul une connoissance suffisante pour leurs besoins ; & enfin de les faire instruire dans la religion. Ce dernier article est encore un de ceux qui doivent faire donner aux écoles publiques la préférence fur l'éducation privée; car il fe trouve très-rarement des peres en état de donner fur ce point important de bonnes inftructions à leurs enfants.

Voilà, fi je ne me trompe, quelles font les principales vues dans lefquelles un Payfan jaloux de donner un peu d'éducation à fon fils, peut l'envoyer à l'école. Jetons maintenant un coup-d'œil fur la maniere dont s'y prennent d'ordinaire les Maîtres pour remplir ce vœu des parents.

On commence ordinairement par donner aux enfants l'*A, B, C,* fans leur faire la différence d'une lettre à une autre lettre, fans leur dire ce que c'eft qu'une voyelle & ce que c'eft qu'une confonne; fans leur apprendre à diftinguer les lettres des fyllabes, & celles-ci des mots; fans leur expliquer ce que c'eft que les diffé-

rents signes qu'ils rencontrent, c'est-
à-dire, l'usage des points, virgu-
les, &c. d'où il arrive que les Paysans lisent si mal que l'on ne peut
les entendre, & qu'eux-mêmes ne
comprennent point ce qu'ils lisent :
on a outre cela la mauvaise habitude
de les faire toujours lire dans le
même livre, & celle de les laisser
confondre ensemble les syllabes de
tous les mots, laquelle est encore
plus mauvaise. J'ai souvent fait venir
chez moi des enfants qui alloient à
l'école depuis plusieurs années, & j'ai
vu avec étonnement que dès que je
leur présentois un autre livre que
celui qu'ils connoissoient, quoique
plus aisé & d'une meilleure impression, ils s'arrêtoient tout court au
premier mot composé de plusieurs
syllabes, & en épeloient les lettres
l'une après l'autre comme font les
commençants.

Une pareille méthode doit, ce me

ſemble, employer beaucoup de temps & paroître fort ennuyeuſe aux enfants, qui, de leur naturel, n'aiment pas à s'arrêter long temps à la même choſe. Dès que l'enfant eſt parvenu à lire & à bien prononcer les mots de deux ſyllabes, pourquoi ne pas le faire paſſer de ſuite aux mots plus longs ? Je ne ne vois pas non plus pourquoi il ſeroit ſi difficile, même dès le commencement, de leur faire diſtinguer les lettres des ſyllabes & toutes les ſyllabes d'un mot, ſans pour cela les obliger à répéter en ſyllabes l'une après l'autre. J'ai eſſayé moi-même cette méthode, & j'ai vu que par elle un enfant apprenoit plus en un jour qu'il n'auroit pu faire autrement en un mois.

Pour plus de facilité, on eſt dans l'uſage, en quelques endroits, de faire imprimer les livres que l'on deſtine à apprendre à lire aux enfants, de maniere que toutes les ſyl-

labes de chaque mot ſe trouvent ſé-
parées par de petits intervalles, &
qu'il y ait un point à la fin de chaque
mot pour marquer qu'il eſt fini. Mais
comme il eſt poſſible, d'après ce
que nous avons dit, d'apprendre aux
enfants à diſtinguer auſſi facilement
les lettres des ſyllabes, & celles-ci
des mots, cette méthode eſt, je crois,
préférable, en ce qu'exigeant moins
de temps, elle eſt moins ennuyeuſe & pour les Diſciples & pour le
Maître.

Il ſeroit auſſi fort à deſirer, pour
gagner du temps, que les parents
fuſſent en état de donner les premieres leçons de lectures aux enfants
avant que de les envoyer à l'école ;
car le trop grand nombre fait ſouvent que le Maître ne peut pas donner également à tous l'attention &
les ſoins convenables ; d'où il arrive
que ſi les enfants n'ont pas d'autres
occaſions de s'exercer, ils oublient

bientôt ce qu'ils ont appris. Le pire eſt que comme ils n'ont pas appris grand'choſe pendant leur jeuneſſe, ils ne ſont cependant pas beaucoup avancés dans le temps où il leur ſeroit cependant fort avantageux de ſavoir. Indépendamment de ce qu'ils oublient, s'ils ne ſavent pas lire un peu couramment, ils ne peuvent pas tirer grand fruit de leurs lectures. Quand on eſt obligé de mettre continuellement toute ſon attention à ne pas faire des fautes, il eſt impoſſible que l'on réfléchiſſe à ce qu'on lit.

Quand à l'écriture, il ne s'y commet pas moins de fautes : ce qui fait que ſi peu d'enfants apprennent à écrire tant ſoit peu paſſablement, & ce qui fait auſſi qu'ils ſont obligés d'y employer plus de temps. C'eſt aſſurément bien aſſez pour un Payſan qu'il ſache écrire d'une maniere liſible. Pourvu qu'il puiſſe ſigner correctement ſon nom, tenir note de ce qu'il doit & de ce qu'il lui eſt dû, ainſi que de quelques affaires courantes qu'il lui importe de ne point oublier, il ne lui faut rien de plus; il lui ſeroit fort inutile de pouvoir ſe pavaner d'une belle écriture. Mais, d'un autre côté, il fauṫ obſerver que s'il n'a pas appris de bonne heure à écrire couramment, ou il ne ſaura bientôt plus former une lettre, ou il écrira ſi mal, qu'au lieu de mettre de l'ordre dans ſes affaires, il ne fera que les embrouiller.

Pour parer à cet inconvénient, lorſque les parents font tant que de faire apprendre un enfant à écrire, chez un Maître capable de le bien enſeigner, il faut qu'ils lui laiſſent le temps de ſe fortifier ſuffiſamment; & c'eſt au Maître à ſe donner de ſon côté la peine de fournir de bons modeles. Il eſt différentes manieres de faciliter l'art d'écrire aux jeunes gens, & mon intention n'eſt pas de rien prefcrire à cet égard. Cependant je dirai que j'aimerois affez la méthode de certains Maîtres qui, après avoir écrit toutes les lettres de l'alphabet fur une feuille de papier ordinaire, la couvrent d'une autre feuille de papier plus fin, afin que l'enfant voyant la forme des lettres à travers cette feconde feuille, puiffe la fuivre & l'imiter : mais le Maître qui voudroit adopter cette méthode, ne doit pas ceffer pour cela d'avoir l'œil fur fes éleves, pour les empêcher de fe négliger dans l'application, & pour leur faire tenir la plume de la maniere la plus convenable. Il doit auffi peu-à-peu prendre du papier plus groffier, moins tranfparent, jufqu'à ce qu'enfin ils foient en état de former d'eux-mêmes les lettres. Lorfqu'ils feront parvenus à les affembler, à les bien lier & à écrire des mots entiers, il fera fort à propos qu'il leur donne de bons modeles, contenant de courtes maximes de morale, ou de bons principes d'économie rurale ; de cette maniere tout en apprenant à écrire, leur esprit se nourrira de vérités qui, dans la suite, leur seront d'un grand secours.

Il nous reste le calcul, dans lequel la jeunesse pourra s'exercer en même temps que dans l'écriture. Si le Maître sait s'y prendre, les jeunes gens n'apprendront rien plus volontiers. Pour leur en inspirer le goût, plusieurs Maîtres leur apprennent un petit jeu qui se joue en comptant ; mais si le Maître est lui-même peu instruit, ou qu'il emploie une mauvaise méthode, il doit s'attendre que ses Disciples trouveront cette instruction fort désagréable. Le calcul leur paroît tel, surtout, lorsqu'on les oblige d'apprendre le livret par cœur ; il arrive souvent qu'il se passe plusieurs mois avant qu'ils le sachent. Il seroit beaucoup mieux de le leur apprendre en comptant par leurs doigts, ou de toute autre maniere, que de fatiguer ainfi leur mémoire. Il y a différentes méthodes à employer pour cela; c'eft au Maître à fe les rendre toutes également familieres, afin de pouvoir les adapter aux diverfes difpofitions de fes Ecoliers.

Avant que de terminer cet article, il eft bon de faire obferver aux Maîtres une faute affez groffiere, que commettent fouvent plufieurs d'entr'eux. Ils fe contentent d'enfeigner l'arithmétique à leurs Difciples, fans leur donner la moindre notion des premiers éléments de cette fcience: de maniere qu'ils favent compter, ajouter plufieurs fommes enfemble, fans favoir ce que c'eft qu'unités, dixaines, centaines, &c. fans favoir pourquoi tel chiffre doit occuper telle ou telle place, pour avoir telle ou telle valeur. Sans favoir ce que c'eft qu'un zéro; par quelle raifon n'ayant par lui-même aucune valeur, il fait néanmoins valoir les chiffres qui l'avoisinent, &c. Cette méthode est des plus vicieuses, en ce que l'Eleve oublie beaucoup plus vîte qu'il n'a appris. J'ai connu un jeune homme qui, après s'être exercé dans le calcul, deux jours par semaine, pendant trois ans, ne savoit pas même les premieres regles de l'arithmétique : ce qui prouve combien il est important dans toutes sortes de Sciences & d'Arts, de se choisir un Maître qui ait une bonne méthode.

§. LXVII.

De la Religion.

IL est temps de passer à l'instruction
la plus importante, celle qui mene à
la connoissance des vrais principes
de la Religion & des bonnes mœurs.
C'est l'article le plus essentiel au but
que je me suis proposé, de travailler à
former des Paysans sensés, d'honnêtes
& sages cultivateurs. Car, comme la
Religion doit nous guider dans toutes
nos démarches, que sans elle il nous
est impossible de rien entreprendre qui
puisse véritablement concourir au bien
général, & que c'est directement à
ce but que tend la destination du laboureur, ce seroit manquer absolument le mien, que dé ne pas chercher à l'éclairer sur des vérités qu'il
lui importe sur-tout de connoître.
Heureux le Gouvernement dans le-

quel la justice, la concorde, toutes les vertus que nous prêche la doctrine chrétienne, font révérées & pratiquées! Heureux le pays où regnent les mœurs pures & faintes qu'elle nous enseigne, puisque, par l'obfervance de fes divins préceptes, le citoyen coule des jours paifibles, au fein d'une fociété de freres toujours prêts à s'entrefecourir!

Un Payfan, bon Chrétien, ne peut qu'être content de la condition dans laquelle il a plu à la Providence de le placer. Le travail le plus rude & le plus incommode lui paroîtra léger; ne voyant dans la Divinité que le commun bienfaicteur de toutes les créatures, il commencera gaiement, dès le matin, fa pénible carriere, dans l'efpoir confolant que le meilleur & le plus puiffant des Etres voudra bien bénir & récompenfer fes travaux. Le foir, rendu à fa famille, les remords de fa confcience ne troubleront point sa joie naïve & pure; environné d'objets chéris, il prendra avec eux un repas simple, mais sain : & après avoir rendu grace au Très-Haut, des faveurs qu'il a daigné répandre sur lui pendant ce jour, il ira goûter un repos que le chagrin amer ne viendra point interrompre, & qui rendra à ses membres fatigués la force de reprendre le lendemain son travail avec une nouvelle activité. Tous les jours de sa vie seront employés à s'acquitter dignement de ses devoirs ; &, libre de toute passion déréglée, on le verra plein d'amour & de charité pour son prochain, vivre sans cesse en bonne intelligence avec ses voisins.

On a toujours remarqué que ceux qui, élevés dans la crainte de Dieu, sont restés dans la suite fermement attachés aux principes de la Religion chrétienne, ont été les hommes les plus laborieux, les plus heureux, du

caractere le plus aimable : en un mot,
se sont vus généralement aimés & esti-
més de tous leurs concitoyens. On
ne peut donc pas douter que ce ne
soit un objet de la plus haute importance, que d'instruire dans la Religion, une jeunesse appellée par la
Providence à défricher & cultiver les
campagnes.

Mais si j'ai de cet enseignement une
si haute idée, je suis loin d'approuver la conduite de ceux qui ne savent
traiter cette matiere avec la jeunesse,
qu'en la lui rendant inintelligible. Quel
est le but que l'on doit se proposer
en instruisant les jeunes gens dans la
Religion ? C'est de les disposer de
bonne heure à être un jour d'honnêtes citoyens, de bons & tendres
peres de famille. Or, pour que cette
instruction puisse leur être utile, il
est nécessaire de la simplifier, de la
rendre claire, en un mot, de la mettre à la portée de leur entendement.

Il faut s'en tenir avec eux, aux points indispensablement nécessaires. Tout ce qui peut faire naître des doutes, toutes les pratiques minutieuses, superstitieuses ou vaines, dont le vulgaire a coutume de souiller la Doctrine indubitable de notre Sainte Religion : tout cela doit être très-soigneusement écarté, comme n'étant propre qu'à infecter de jeunes cœurs du venin d'un ridicule & pernicieux préjugé, & à faire de toutes les idées des enfants, un chaos presqu'impossible à débrouiller dans la suite.

Les leçons doivent rouler, ou sur la Doctrine Chrétienne, ou sur la morale ; beaucoup de Maîtres sont, à l'égard de la premiere, trop inintelligibles & trop prolixes, & plusieurs autres mettent à la seconde, trop de sécheresse & de négligence. Les articles de notre croyance, dans lesquels il est nécessaire que les enfants soient instruits, sont en assez petit nombre ; mais plus la matiere eſt importante, & plus elle exige de ſageſſe & de ſagacité de la part du Maître, lorſqu'il a lieu de ſe défier de l'intelligence de ſes Diſciples.

Quant à la morale, on peut la réduire auſſi à un petit nombre de principes : rendre à Dieu un culte continuel & ſimple, le chérir du fond du cœur, n'agir en toutes choſes que d'après ſa volonté qu'il nous a maniſeſtée dans ſes ſaints Commandements ; voilà la vraie, la ſaine piété, celle ſans laquelle on ne peut être un digne ſerviteur de Dieu, celle qui lui eſt le plus agréable, celle qui a fait les Saints.

Une faute commune à nombre de Maîtres, c'eſt de ſe contenter de faire apprendre aux enfants leur Catéchiſme par cœur, & de prodiguer les éloges à ceux qui répondent ſans héſiter, à toutes les demandes qui y ſont contenues. Mais à quoi bon cette méthode ?

méthode ? Quel autre effet peut-elle produire, que de fatiguer, de tourmenter en vain ces pauvres enfants, de furcharger leur mémoire, & de leur faire haïr ce qui leur coûte tant de peines ? Le principal but du Maître doit être d'éclaircir l'entendement de la jeuneffe, & de lui former le cœur & l'ame, d'après les préceptes facrés de la Loi de Dieu. Or, eft-ce atteindre à ce but que de s'en tenir à faire répéter aux enfants, comme dé véritables perroquets, des vérités de la plus haute importance, qu'il s'agit fur-tout de leur faire comprendre, comme devant leur fervir de regles dans tout le cours de leur vie ?

Ceux qui fe mêlent d'inftruire la jeuneffe ne peuvent apporter trop de foin à lui bien expliquer ces vérités; ils ne peuvent même employer dans cette inftruction des manieres trop douces, trop affectueufes, afin de captiver d'autant mieux l'attention

des enfants, les porter à réfléchir;
& que, lorfqu'ils les queftionnent fur
les diverfes matieres contenues dans
le Catéchifme, ils fachent non feulement répondre, mais encore dire
pourquoi ils répondent ainfi, & non
autrement. Avant tout, il faut infpirer à la jeuneffe la crainte & l'amour
de Dieu, & l'accoutumer à voir en
lui l'Etre de tous les Etres le plus
parfait.

Mais pour infpirer cette crainte &
cet amour de Dieu aux enfants, il
ne fuffit pas de leur apprendre qu'il
y a un Dieu en trois Perfonnes, &c.
il faut leur faire connoître toutes fes
perfections, afin qu'ils foient convaincus qu'il eft en effet jufte de l'aimer
par-deffus tout. Pour s'affurer des
progrès de fes Difciples, le Maître
doit faire de temps en temps de petites épreuves qui le mettent en
état de juger s'il s'eft en effet mis
à leur portée. On trouve parmi les

Payſans beaucoup de vieillards ſi profondément ignorants en matiere de
Religion, qu'ils ne ſavent rien autre
choſe, ſinon que Dieu eſt le Créateur de toutes choſes, & qu'il faut
le craindre, parce qu'il peut nous envoyer en enfer. D'où vient cela ? c'eſt
qu'ils n'ont pas duement appris à le
connoître dès leur enfance. Faut-il
s'étonner après cela ſi l'on trouve
chez les Payſans auſſi peu de véritable crainte de Dieu ? ſi, portant
à ce point l'ignorance & la ſtupi-
dité, toutes les paſſions s'emparent
de leur ame, & les empêchent de ſe
conduire en Chrétiens ? Faut-il s'étonner s'ils ſont enclins aux jurements,
aux parjures, à tromper, à outrager
leur prochain, à commettre mille déſordres qui les précipitent enfin dans
un abyme de maux ?

Si, dès leur enfance, on leur avoit
montré Dieu dans tous ſes ouvrages,
ſi on leur avoit fait comprendre qu'il

est le Créateur de toutes choses, que
le Ciel, la terre, les élémens, tout
est à ses ordres & dépend de sa volonté ; qu'il commande aux tempêtes,
les excite & les dissipe à son gré ;
qu'il préside aux desseins, aux actions
des hommes, les fait prospérer, ou
les dissipe quand il lui plaît, comme
une vaine fumée ; que cette rosée
bienfaisante, qui fertilise les campagnes, est un bien dont il est le seul
dispensateur ; qu'il fait lire jusques
dans nos plus secretes pensées ; que
ses regards embrassent en un instant
toute l'immensité ; que nous ne pouvons rien si nous ne sommes assistés de
son bras puissant ; que pouvant seul
nous préserver de tous maux, c'est
en lui seul aussi que nous devons mettre toute notre confiance, tout notre
espoir ; que c'est de sa bouche qu'est
sorti l'irrévocable Arrêt par lequel
tout infracteur de sa Loi sainte, doit
être puni par une éternité de sup-

plices, tandis que le serviteur fidele jouira d'une félicité à jamais inaltérable. Si, dis-je, on enseignoit de bonne heure aux jeunes gens ces grandes vérités, & que l'on prît soin de les leur rendre sensibles, on les verroit, dans tout le cours de leur vie, pénétrés de crainte & d'amour pour un Etre aussi digne de tous leurs hommages, lui rendre le culte qui lui est dû, se montrer plus résignés à sa volonté suprême, vivre en paix avec leurs concitoyens, & les chérir comme leurs freres.

Mais quand cela n'arriveroit pas aussi exactement, quand toutes les passions qui ont coutume d'assaillir le cœur humain conserveroient encore assez d'empire pour que la discorde ne pût être tout-à-fait bannie de la société, les désordres n'y seroient cependant plus aussi grands; ce seroit alors une sage République, qui, soigneuse d'entretenir la paix, uniroit ses forces à celles de la Religion, pour rendre ses concitoyens heureux. Si les Loix sont inutiles sans les bonnes mœurs, les mœurs sont sans forces, si elles ne sont soutenues par les Loix.

Comme les enfants n'ont pas tous une égale capacité, & que, comme nous l'avons dit, on doit proportionner les leçons qu'on leur donne, à leur intelligence, il seroit à souhaiter que pour leur rendre l'étude de la Religion d'autant plus facile, tous les Catéchismes fussent distribués en trois parties, dont chacune contiendroit toute la doctrine, mais d'une maniere proportionnée aux différents âges. La premiere partie, qui ne traiteroit que très en abrégé des principes les plus essentiels de la Religion, seroit mise entre les mains des plus jeunes enfants; la seconde, plus ample, & où ces vérités seroient mieux développées, seroit destinée à ceux qui commenceroient à raifonner, & à fe difpofer à faire leur premiere Communion ; & la troifieme, qui contiendroit une explication encore plus détaillée que la feconde, feroit réfervée aux plus grands, & pourroit fervir aux Maîtres mêmes à expliquer d'autant plus clairement les deux autres à la jeuneffe. C'eft ainfi que dans beaucoup de Provinces, & particuliérement dans plufieurs Diocefes de la France, les Catéchifmes font ordonnés, & tout le monde avoue qu'ils font infiniment plus utiles que ceux dans lefquels on n'a aucun égard à l'âge & à la diverfité d'intelligence des enfants.

Une des principales attentions que l'on doit avoir en inftruifant la jeuneffe, c'eft de faire enforte qu'elle fe plaife à l'inftruction ; autrement elle commenceroit dès-lors à regarder la Religion comme une chofe trop incommode & trop pénible ; & il arriveroit que, dans tout le cours de leur

vie, ces enfants-là apporteroient beaucoup de tiédeur & de négligence
dans tout ce qui feroit du fervice de
Dieu. Le meilleur moyen de les porter à être attentifs, & à faire ce qu'on
leur ordonne, c'eft d'avoir avec eux
une conduite exemplaire , douce &
affectueufe. Si , par exemple , le Maître
diftrait par une partie de jeu, de pro-
menade ou de chaffe, & impatient
de voir arriver le moment de les
congédier, regarde fans ceffe l'heure
qu'il eft , s'il fe laiffe aller à la colere
ou à d'autres paffions , les enfants ne
retireront pas beaucoup de fruit de fes
inftructions. Mais fi au contraire il
fait tous fes efforts pour leur infpirer
l'amour des vertus chrétiennes & fo-
ciales , & que lui-même les poffede,
il les verra fe porter de bon cœur à
l'écouter, l'imiter & lui obéir. Pourquoi dans certains Villages la jeuneffe
eft-elle mieux inftruite dans fa Religion qu'elle ne l'eft dans d'autres ?

C'eſt qu'elle a le bonheur d'avoir des Maîtres plus zélés & d'une conduite plus exemplaire : ce qui prouve que les enfants ne ſont point auſſi ſtupides, auſſi groſſiers, auſſi incapables d'inſtruction que beaucoup de Maîtres, pour excuſer leur négligence, voudroient nous le faire croire. Plût à Dieu que la faute ne fût pas plus celle des Maîtres que celle des Diſciples !

---

§. LXVIII.

Comment on doit inſtruire la jeuneſſe dans l'Agriculture & l'économie rurale.

QUOIQUE tout ce que j'ai dit juſqu'ici ne traite pas directement de l'agriculture, les jeunes Payſans y trouveront cependant des avis propres à les y former ; & comme mon objet principal eſt de les mettre en état de concourir à ce but, je vais actuellement m'occuper de tout ce qui peut y tendre directement. Pour y parvenir, il me semble qu'il seroit très-à-propos que, dans chaque école, on pût se pourvoir d'un livre contenant les principes les plus faits pour servir de regles dans toutes les opérations qui concernent l'économie rurale ; je voudrois même que ce livre fût écrit par demandes & réponses, à-peu-près comme le Cathéchisme. On a beaucoup écrit sur l'argriculture ; mais de tous les livres qui traitent de cette matiere, je n'en connois aucun qui puisse servir utilement à la jeunesse. Ce seroit un objet bien digne d'occuper la plume de quelque savant Patriote, que celui de travailler à un Ouvrage aussi intéressant pour la société.

§. LXIX.

*Projet d'un Livre destiné à cette ins-
truction.*

POUR rendre ce Traité d'autant
plus utile, il faudroit que. l'Auteur
prît grand soin de s'y mettre à la
portée de tout le monde ; que son
style ne fût ni trop simple, pour ne
pas dégoûter les Lecteurs d'un certain ordre, ni trop fleuri, afin d'être
lu avec d'autant plus de fruit, de ceux
auxquels il seroit sur-tout destiné.
En un mot, il faudroit qu'il s'attachât à prendre à cet égard un juste
milieu. Dans un Ouvrage de ce genre
il s'agit beaucoup moins de chercher
à briller que de faire quelque chose
de vraiment utile ; ce qui ne peut
arriver qu'en donnant à la jeunesse
des principes aussi clairement énon-
cés que solidement établis, & tels

N vj

que les Maîtres puiſſent ne trouver aucune difficulté à les lui faire comprendre.

§. LXX.

Les principes en doivent être clairs & ſolides.

EN ſecond lieu, l'Auteur doit s'attacher à rendre chaque demande & chaque réponſe auſſi courtes & auſſi lumineuſes qu'il lui ſera poſſible, & qu'elles contiennent la raiſon ſimple & naturelle du principe ſur lequel il ſe fonde, afin que le Peuple puiſſe d'autant mieux ſuivre la nature dans ſes admirables opérations, & s'accoutumer à donner plus de confiance aux gens éclairés qui l'enſeignent, qu'aux ſottes & abſurdes imaginations de ſes ancêtres.

C'eſt en quoi pechent la plupart des Livres qui traitent de l'économie rurale. Ils ne font remplis que de chofes vaines & fuperftitieufes que l'Auteur ne manque cependant jamais de donner pour indubitables , quoique fur cent effais que l'on fait , il y en ait à peine un qui réuffiffe ; les Almanachs fur-tout font ce qu'il y a de plus condamnables. Que d'extravagances, que d'abfurdités qui , entaffées fans art , ne peuvent qu'induire en erreur une foule de Payfans ignorants & groffiers ! Il feroit bien à propos que ceux qui ont le pouvoir en main, vouluffent empêcher ces ridicules obfcurités qui ne peuvent fervir qu'à divertir les gens oififs & pareffeux , & à tromper la trop crédule ignorance. Si les Imprimeurs de ces Almanachs difoient que ce font ces mêmes fottifes qui leur en affurent le débit, j'aurois à leur répondre qu'en y fubftituant toutes les nouvelles expériences qui fe font annuellement fur l'agriculture , toutes les nouvelles découvertes des instruments & machines les plus propres à faciliter ses opérations, en saisissant toutes les occasions d'y insérer les choses propres à déraciner les préjugés qui infectent l'esprit du Peuple ; en écartant avec soin tous les doutes, toutes les erreurs ; en ne se proposant enfin pour unique but que le bien public ; ces Messieurs, dis-je, verroient bientôt leur Almanach plus estimé & plus généralement recherché que jamais.

On se plaint de tous côtés de l'obstination du Paysan à ne vouloir suivre aucun des sages avis que lui donnent de temps en temps les gens éclairés, & ces plaintes ne sont que trop fondées ; mais il ne faut pas s'attendre qu'il abandonne tout d'un coup & sans opposition, des préjugés qu'il tient de ses ancêtres, & qui, depuis long temps, sont si fort enracinés dans son esprit. Tout le monde sait combien il est difficile de se défaire d'une ha-

bitude fucée pour ainfi dire avec
le lait , & que le pouvoir des préjugés eft chez les ignorants, en proportion de l'eftime qu'ils ont pour
ceux qui le leur ont tranfmis. Le feul
moyen de défabufer le Payfan, c'eft
de mettre fous fes yeux des expériences fûres & répétées , & de donner à fes enfants de bons principes;
c'eft alors qu'ouvrant les yeux à la
vérité, il abjurera, fans balancer, les
préjugés qu'il a hérités de fes ancêtres. On ne peut affurément pas efpérer de lui dévoiler parfaitement les
myfteres de la nature ; c'eft à fon Auteur feul que cette connoiffance eft réfervée ; mais il eft poffible de fe conduire avec lui de maniere à lui faire
comprendre les conféquences de certains principes : à force de les lui
rendre palpables, on le verra de
lui-même reconnoître grand nombre
d'erreurs.

Si, par exemple, il fait une fois

que les plantes qui ne reçoivent leur nourriture que de la terre, ne peuvent la recevoir suffisamment qu'autant que cette terre est duement cultivée & ameublie, il ne trouvera plus de difficulté à comprendre la nécessité de labourer à une profondeur proportionnée aux diverses plantes, & d'écraser soigneusement les mottes ; on réussira d'autant mieux à le persuader, si, à l'aide du microscope, on lui fait voir que le chevelu des racines, qui n'est qu'un assemblage de petits canaux par lesquels les sucs nourriciers se portent dans toutes les parties de la plante, s'étend & s'enfonce beaucoup plus profondément que l'on ne croit.

Quand on lui aura bien expliqué dans sa jeunesse la raison pour quoi le fumier fertilise les terres, on ne le verra plus le laisser exposé aussi long temps à l'air & à l'ardeur du soleil, tant dans les champs que dans les prairies, à l'imitation de ses ancêtres

qui croyoient inutile de l'enterrer ;
on le verra au contraire foigneux de
fe procurer cet engrais, ne rien laiffer perdre de tout ce qui peut en
augmenter & le volume & la qualité. Dès qu'il faura pour quoi telle
plante a befoin d'une plus grande
quantité d'engrais dans telle efpece
de terrein que dans telle autre ; pour
quoi le feigle, ami des terres légeres
& fablonneufes, en exige plus que le
froment, qui ne fe plaît que dans
les terres fortes & graffes ; quand on
lui aura montré dans quelle proportion doit fe faire la culture des
différents terroirs, pour qu'elle en
foit d'autant plus fruĉueufe, c'eft-à-
dire, à femer & à planter de maniere à donner toujours à chaque fol
la plante qui lui convient le mieux ;
il ne plantera plus fi inconfidérément des vignes, là où il peut femer
avec fuccès de bon grain. Il s'ap-
pliquera non feulement à engraiffer

ſes prairies actuelles, mais il en fera de noûvelles, tant pour entretenir plus de bétail, dont la rareté fait paſſer notre argent à l'étranger, que pour pouvoir d'autant mieux cultiver & améliorer le reſte de ſes terres.

Quand on lui aura fait connoître combien les forêts & les pâturages mal entretenus ſont préjudiciables à l'agriculture, on le verra s'empreſſer de corriger ces abus qui ne regnent que trop aujourd'hui de toutes parts. Que l'on donne, dis-je, au Payſan les inſtructions dont il a beſoin, & ſur-tout qu'on le prêche d'exemple, & l'on verra bientôt l'agriculture fleurir de maniere à nous procurer des reſ-ſources plus abondantes de grains.

§. LXXI.

Il faut avoir égard au climat, au sol
& au naturel des habitants.

DE plus il est nécessaire que
l'Auteur ait égard aux diverses qualités & propriétés du climat, du sol
& des Peuples. Souvent tout cela varie
à tel point, dans un très-petit dis-
trict, que pour que les regles que
l'on propose puissent être utiles, il est
nécessaire de les rendre particulieres
à chaque local, ou d'étendre tellement
les principes, que tout le monde puisse
également y trouver ce qui lui convient ; & comme cette différence
n'est pas moins remarquable dans la
maniere de vivre des Peuples, que
dans les pays qu'ils habitent ; que l'on
ne seme point dans tel lieu ce que
l'on seme dans tel autre ; il faut né-
cessairement que l'Auteur se regle

sur les différents usages. Que serviroient, par exemple, les meilleures regles de planter la vigne dans un pays de bleds & de fourrages ?

Il faut observer en outre qu'il est des regles, qui, très-propres à tel ou tel local, seroient très-nuisibles, très-dangereuses dans tel ou tel autre. Par exemple, la plus convenable aux lieux secs, aux pays montagneux, c'est d'ensemencer le plutôt possible, & quand la terre se ressent encore de l'humidité que lui a portée le séjour de la neige ; tandis qu'en user ainsi dans les lieux bas, où l'eau stagnante ne s'écoule pas aisément, seroit le moyen de tout gâter. Enfin il n'est pas moins sûr que l'on doit avoir égard au génie, à la maniere de vivre des différents Peuples ; car qui connoît un peu le monde, sait que tous les hommes ne sont pas également susceptibles d'instruction. Il résulte de tout cela que tout Ecrivain qui veut travailler pour les Ecoles de campagne, doit avoir une parfaite connoissance des pays pour lesquels il écrit, ainsi que du génie des différents Peuples, s'il veut donner des avis salutaires.

§. LXXII.

Omettre toutes les choses de pur exercice, & ne s'attacher qu'à ce qu'il y a de plus nécessaire.

LE Paysan a peu de goût pour la lecture; d'ailleurs ses différentes occupations lui permettent peu de s'y livrer, si ce n'est les jours de fêtes; d'où il suit que pour rendre son Livre d'une utilité plus générale, l'Auteur doit, en quatrieme lieu, le rendre le plus court possible. Toute bagatelle & tout objet peu important doivent être écartés. Que serviroit, par exemple, d'expliquer comme on doit tenir la charrue, jeter telle ou telle femence, fe fervir de la faucille, & cent autres chofes de cette nature, que les enfants ont tous les jours fous les yeux, & que le feul ufage eft plus capable de leur apprendre que les differtations les plus exactes? Il doit principalement s'attacher à deux chofes: l'une, à relever toutes les fautes, toutes les erreurs fondées fur le préjugé, fur la coutume, ou enfantées journellement par la négligence, l'ignorance ou la méchanceté. Nul pays n'en eft exempt. Souvent ces erreurs font fi anciennes parmi les Peuples, qu'ils ne s'avifent point d'y remédier, parce qu'ils font loin de les reconnoître pour telles. Il ne feroit pas difficile de citer une multitude d'abus énormes dans lefquels le Payfan a coutume de donner, & que l'ufage femble avoir confacrés.

Le fecond objet de l'Auteur doit être d'enrichir fon pays de toutes

les nouvelles connoiſſances & découvertes qui peuvent lui être avanta-
geuſes. Ce point raſſemble plus de
difficulté que le premier ; mais ſi de
bons yeux, en nous faiſant découvrir
de loin les fautes qui ſe commettent çà & là, ſervent à nous en préſerver, ils ſervent auſſi à nous faire
diſtinguer les pratiques utiles des différents pays, pour les introduire dans
le nôtre & les conſerver.

Pour réuſſir au premier de ces deux
objets, il faudroit que l'Auteur trai-
tât principalement des principes fon-
damentaux, & de toutes les matieres
ſur leſquelles un ſimple Payſan ne
peut donner à ſon fils de bonnes leçons ; il faudroit qu'il s'attachât particuliérement à ces vérités, dont l'ignorance jette d'ordinaire les gens de la
campagne dans beaucoup d'erreurs
& de préjugés.

1°. Il expliqueroit d'une maniere
nette & préciſe ce que l'on doit en-

tendre par économie; en quoi confifte l'art de cultiver les campagnes,
afin de détruire l'erreur trop commune qui ne fait envifager l'économie
que comme l'art d'amaffer ; il diroit
que l'agriculture eft une profeffion par
laquelle, en donnant à la terre le labour
& les foins qu'elle exige, on la met
en état de produire toutes les chofes
néceffaires à la vie.

2°. Sans entrer dans des recherches
trop philofophiques, il s'efforceroit de
rendre fenfible à la jeuneffe, la maniere
la plus fimple de fertilifer les terres &
de faciliter l'accroiffement des plantes:
il n'eft pas rare de voir des Payfans
commettre à cet égard, des fautes
très-groffieres, parce qu'ils ne font pas
fuffifamment inftruits : comme, par
exemple de couper toutes les bran-
ches de certains arbres auxquels ils
font le plus grand tort non feulement
par cette privation, mais encore par
celles de leurs feuilles & autres parties

ties qui font abfolument néceffaires à leur accroiffement.

3°. Il chercheroit à perfuader les gens de la campagne que quatre & cinq coupes ne doivent pas être regardées comme une bonne récolte; que loin de s'en contenter, comme leurs aïeux, ils doivent par un travail affidu & l'intelligence néceffaire, chercher à s'affurer, avec le temps, une moiffon plus riche & plus abondante, & telle que la recueillent de nos jours certains Peuples qui ont enfin eu le courage de troquer les pratiques de leurs ancêtres pour des ufages plus raifonnables & plus fûrs.

4°. Il indiqueroit les faifons les plus propres à entreprendre les différents travaux de la campagne, pour faire revenir de leur aveuglement ceux qui, à leur grand préjudice & fur la foi de certaines obfervations, de certaines remarques, fans fondement, donnent la préférence à certains jours;

O

comme, par exemple, ceux qui, pour ferrer les foins, attendent la fête de faint Antoine de Padoue, ne fement les navets qu'à la faint Alexis, ou ne taillent les vignes qu'après le Vendredi-Saint ; ou comme ceux encore qui croient que pour certaines chofes il eft bon d'attendre le plein ou le déclin de la lune, ou que le foleil foit dans tel ou tel figne ; toutes maximes qui n'ont aucun fondement, & que tous les Naturaliftes traitent de folies fuperftitieufes : c'eft le temps, c'eft la faifon qu'il faut confulter pour les différents travaux de la campagne ; c'eft de là que leur fuccès dépend beaucoup plus que de certains jours, de la pofition des aftres & autres chimeres extravagantes qui n'ont aucun rapport avec eux.

5°. Il enfeigneroit comment on doit fe conduire à l'égard du bétail, la méthode la plus utile à fuivre pour tout ce qui concerne l'économie rurale. Cette circonstance est sur-tout importante pour certains Paysans très-négligeants, qui, fort empressés d'avoir beaucoup de bestiaux, ne s'occupent pas même des moyens de les entretenir en bon état par les soins & la nourriture convenables ; qui ne cherchent point à élever de jeunes animaux lorsqu'ils le pourroient fort aisément ; ce qui fait que les campagnes sont mal cultivées, que l'argent du pays passe à l'étranger, que des bestiaux trop jeunes ou trop mal entretenus ne peuvent suffire aux travaux, que les vaches donnent moins de lait & de moins bon , que les dettes s'accumulent tous les jours , & qu'enfin l'on se ruine si bien qu'il est impossible de se relever.

6°. Il feroit voir l'avantage de cultiver toutes sortes de plantes, & d'entretenir de toutes sortes d'animaux utiles, ce qui épargne & fait gagner beaucoup d'argent; comme de faire

beaucoup de chanvre, de lin, de lé-
gumes, d'avoir beaucoup de bêtes
à cornes, des abeilles & autres objets
auxquels le Paysan ne fait point assez
d'attention.

Telles seroient les matieres à faire
entrer dans un Livre destiné aux Ecoles de campagne; bien entendu que
l'Auteur ne s'en tiendroit pas à donner des avis généraux, sans dire la
maniere dont-il faudroit s'y prendre
dans tel ou tel cas; autrement ce seroit un Médecin qui après avoir appris
à son malade quel est son mal, quelles
en sont les causes & à quelles suites
il doit s'attendre, ne lui prescriroit aucun remede pour recouvrer la santé.

Quant au second objet, il faudroit
que l'Auteur s'appliquât à faire connoître toutes les méthodes de culture,
& les diverses découvertes avantageu-
ses faites en différents Pays, en choisis-
sant celles de ces découvertes qui lui
paroîtroient le plus faites pour être

approuvées par les Payſans du ſien,
& dont ils puſſent faire plus aiſément
uſage; il n'oublieroit pas d'indiquer
l'eſpece de ſol & de ſituation convenables aux différents eſſais propoſés, afin
d'en aſſurer d'autant mieux le ſuccès,
& d'éviter ainſi de rebuter le Payſan,
toujours trop timide & trop peu en-
treprenant. C'eſt peu de propoſer mille
découvertes ou inventions utiles, il
faut encore apprendre aux gens où
& dans quelles circonſtances ils peuvent les employer.

Par exemple, je ſuppoſe que l'Auteur voulût introduire le treffle d'Eſpagne, objet ſur lequel peut-être nombre de Payſans ſeroient difficiles à
perſuader ; il ſeroit néceſſaire qu'il
décrivît la nature de cette plante,
qu'il en déſignât la bonne ſemence,
à ne pouvoir s'y méprendre, quelle
terre, quelle ſituation elle exige, à
quels beſtiaux elle convient le mieux,
& quels en ſont les avantages, com-

parés avec ceux d'autres semblables plantes. Par de tels préceptes développés avec le plus grand soin, il ne faut pas douter que l'Auteur ne parvînt à son but ; les jeunes gens en sortant de l'Ecole, ne manqueroient pas de faire part à leurs parents des leçons qu'ils y auroient reçues, & ceux-ci apprenant que le treffle d'Espagne dure beaucoup plus long temps que le treffle ordinaire, que l'on peut le couper jusqu'à six fois par an, que c'est un fourrage excellent & très-sain pour les bêtes à cornes & pour les chevaux, & qu'il donne aux vaches beaucoup de lait, seroient assurément tentés d'en essayer la culture.

Pour rendre l'instruction plus agréable & plus sensible à la jeunesse, dans le cas où l'Auteur voudroit introduire l'usage de quelque nouvelle machine, il feroit fort bien de la faire graver, car les jeunes gens aimeroient mieux voir la figure, que lire le Livre.

§. LXXIII.

Les Ecclésiastiques devroient s'occuper de donner de semblables instructions à la jeunesse.

PEUT-ÊTRE dira-t-on que j'aurois pu m'épargner la peine de tracer le plan d'un pareil ouvrage, parce qu'il ne se trouvera personne qui veuille l'entreprendre ; j'ai meilleure opinion de mes compatriotes, je sais combien il est parmi eux de gens qui pensent, je sais que, dans diverses Provinces, ils se sont distingués en tout temps & en grand nombre, dans toutes sortes de plans, par des lumieres & une capacité peu communes. Seroit-il possible qu'il ne se trouvât personne jaloux de se distinguer dans son propre pays ? seroit-il possible que des gens qui se donnent journellement tant de peines, qui se fatiguent l'imagination pour des

chofes fouvent fort inutiles, ne vouluffent faire aucun effort pour contribuer aux progrès de l'art, de tous le
plus fait pour rendre l'homme heureux?
feroit-il poffible que parmi tant d'Eccléfiaftiques, il ne s'en trouvât aucun
capable de fe dévouer au véritable
bien de fa patrie?

On ne m'objectera pas fans doute
que de femblables objets font au-
deffous de la dignité d'un Eccléfiaftique. Pourquoi feroit-il louable aux
perfonnes de cet état de favoir comment ont été jadis habillés les Prêtres,
quel ordre d'Architecture les Anciens
avoient coutume d'employer pour
leurs Temples, & tant d'autres chofes
de cette nature, qui, fi elles ne font
pas condamnables en elles-mêmes, ne
font cependant pas d'une utilité générale, tandis qu'il feroit blâmable de
rechercher la meilleure méthode de
cultiver les campagnes? comment fe
feroit-il que les anciens Religieux &

Prêtres fe fuſſent occupés, de l'aveu de tout le monde, d'une choſe qui de nos jours leur feroit interdité ? comment feroit-il permis à nos Prêtres de perdre tant de temps à la chaſſe, au jeu, ou à des recherches, qui pour être épineuſes, n'en ſont pas plus utiles, tandis qu'il leur feroit défendu de donner des ſoins à la jeuneſſe, & de concourir ainſi au bien de l'humanité entiere ? combien ne feroit-on pas fondé dans l'eſpoir flatteur de vóir l'agriculture portée au point de perfection dont-elle eſt fuſceptible, ſi les perſonnes douées du génie propre à ſuivre avec fruit la nature dans ſes différentes opérations, vouloient s'occuper férieuſement des recherches analogues à un objet auſſi important ! Celui qui nous éclaireroit ſur la vraïe cauſe de la brouiſſure, & ſur la maniere de la prévenir, ou qui nous indique-roit les moyens de préſerver les champs & les jardins de l'atteinte

pernicieuſe de certains inſectes, rendroit aſſurément à l'humanité un plus
grand ſervice, que celui qui nous
feroit connoître des découvertes dont
l'utilité ne ſeroit pas auſſi généralement connue.

§. LXXIV.

Plan du Livre deſtiné à l'inſtruction.

SANS prétendre en aucune maniere preſcrire des loix à l'Auteur du
Livre projeté, je vais ſeulement,
pour me rendre plus intelligible,
placer ici, par demandes & réponſes,
quelques principes de l'art qu'il me
paroît ſi important d'enſeigner aux
jeunes Payſans.

Demande. Quel eſt l'art le plus
néceſſaire à un Etat, celui qui, ſur
tout autre, mérite notre attention
& notre préférence?

Réponſe. L'Agriculture.

D. Pourquoi ?

R. Parce que c'eſt d'elle que le genre humain tire toutes les choſes néceſſaires à ſa ſubſiſtance.

D. C'eſt donc, à votre avis, la chòſe la plus digne d'intéreſſer les gens de la campagne ?

R. Aſſurément.

D. En ce cas, quelles qualités penſez-vous qu'elle exige dans un Payſan ?

R. Qu'il ſoit laborieux.

D. Pourquoi ?

R. Parce que l'on ne fait bien que ce que l'on fait avec plaiſir, & que par conſéquent s'il travaille à contre-cœur, les terres, mal cultivées ne ſeront point fertiles.

D. De maniere que s'il peut ſe procurer une récolte abondante par ſon travail, il a tout fait ?

R. Non pas ; il faut encore qu'il ait la vigueur requiſe pour ſoutenir la plus rude fatigue ; qu'il ſache entretenir des beſtiaux en bon état, ſe procurer par lui-même toutes fortes de bons uftenfiles, &c.

D. Quoi ! tout cela ?

R. Tout cela.

D. Je fuppofe au Cultivateur la force, le bétail, les uftenfiles, tout cela joint à la meilleure volonté, il ne lui manque plus rien fans doute pour réuffir ?

R. Rien que le plus effentiel.

D. Comment donc ?

R. Il faut encore qu'il ait de fa profeffion une connoiffance fuffifante pour qu'il ne faffe jamais rien à contre-temps.

D. J'entends. Vous voulez qu'en toutes chofes il fe tegle fur fes compatriotes, & que dans fes différentes opérations il n'omette rien de ce qu'il leur voit pratiquer, n'eft-ce pas ?

R. Point du tout ; ce feroit fouvent le meilleur moyen de ne rien faire qui vaille,

D. Que prétendez-vous donc ?

R. Je prétends qu'il foit en état de rendre raifon de ce qu'il fait, parce qu'autrement il ne fait rien.

D. Mais s'il marchoit fur les traces de fes peres ou autres Cultivateurs expérimentés, qu'il s'appliquât à les imiter en tout, vous ne lui refuferiez fans doute plus votre fuffrage ?

R. Pardonnez - moi ; car s'il y a beaucoup de Cultivateurs fenfés, il en eft encore plus qui ne le font guere : d'où il fuit que fon attachement aux ufages de fes ancêtres ne feroit point une raifon de conclure qu'il fait fon métier.

D. Que faut-il donc qu'il fache ?

R. Beaucoup de chofes ; mais il doit fur-tout s'attacher à bien connoître les différentes propriétés des terres.

D. Pourquoi ?

R. Parce que le même fol n'eft pas

propre à toutes les plantes, & qu'un
ignorant fur cette matiere, ne pourroit que perdre fon temps & fes peines, fans en retirer le moindre profit.

D. Mais à quoi peut-on reconnoître les propriétés du fol ?

R. De deux manieres : à la qualité
des matieres qu'il contient, & à la
nature de fa fituation.

D. Combien y a-t-il de fortes de
fol, relativement à la matiere ou à la
qualité intérieure du terroir ?

R. On en peut compter principalement de cinq fortes.

D. Quelles font-elles ?

R. 1º. La terre graffe, dont la
couleur eft brune, telle que nous la
voyons dans les jardins & les prairies ; 2º. la terre glaife, autrement
appellée *terre forte* ; 3º. la terre fablon-
neufe ou légere ; 4º. la terre pierreufe,
faifant auffi partie des terres dites *légeres* ; 5º. *un compofé de tout cela.*

D. En quoi faites-vous confifter

la différence du terrein, par rapport à sa situation ?

R. Les terres se divisent en plaines & en côteaux : les côteaux se distinguent encore relativement à leurs divers aspects, par rapport au soleil ; & les plaines en terreins humides & fangeux, ou secs & arides. On distingue aussi les terreins bas de ceux qui sont plus élevés. Enfin les pays découverts de ceux que quelques montagnes, collines ou forêts protegent contre l'intempérie des saisons, qui sont toujours, ou seulement une partie du jour, exposés au soleil ou à tous les vents, d'un ou de plusieurs côtés.

D. Est-il donc nécessaire de faire attention à tout cela ?

R. Sans doute ; toutes ces observations sont de la plus grande importance ; il est des plantes qui se plaisent mieux dans les terres fortes que dans les légeres ; dans les grasses que dans les maigres. D'autres réussissent mieux à telle ou telle expofition, qu'à telle ou telle autre. Celles-ci veulent un terrein fec, celles-là une terre humide. Les hauteurs conviennent mieux à quelques - unes, les fonds à quelques autres. Enfin telles ne profperent que dans l'ombre & au frais, tandis que d'autres ne croiffent qu'au moyen du foleil & de la chaleur, &c.

En voilà bien affez pour faire comprendre mon idée fur ce Livre. Si l'on trouvoit que la forme du dialogue fût mauvaife, qu'elle fût moins claire, moins inftructive, moins agréable qu'une autre, on pourroit choifir celle que l'on voudroit. Mais, fuivant ce plan, il eft fûr que les Maîtres auroient beaucoup de facilités pour éclaircir les matieres à la jeuneffe. Il eft clair que, d'après ceci, ils pourroient aifément lui démontrer que l'agriculture eft importante ; quelles qualités doit avoir un bon Cultivateur ; combien il eft dangereux de

ſuivre la routine , &c. Il s'agit ſur-tout
qu'ils entendent parfaitement eux-
mêmes ces matieres ; autrement il leur
ſeroit impoſſible de pouvoir les développer de maniere à les faire ſuffiſamment comprendre aux jeunes gens.
Point d'autant plus important , que de
retour chez eux , ils pourroient être
aiſément induits en erreur par des
parents remplis de préjugés. Il ſeroit
de plus fort à deſirer que les Maîtres
ne manquaſſent d'aucune des choſes
néceſſaires pour faire nombre d'expériences en préſence de leurs Diſciples. Dans pluſieurs pays, les Communautés aſſignent même à cet effet
un petit coin de terre à leurs Ecoles ;
mais comme ce moyen peut manquer,
les Maîtres pourroient y ſuppléer en
quelque façon, en conduiſant la jeuneſſe dans la campagne , lorſque le
temps le permet. Ils auroient là mille
occaſions de s'accommoder à la capacité de chacun, en lui mettant ſous

les yeux les objets sur lesquels ils auroient fait rouler les leçons.

---

§. LXXV.

Des Récompenses.

Tout ce que nous avons dit jusqu'ici peut être propre à éclairer la raison; mais comme il ne suffit pas de connoître des vérités, si l'on ne veut les mettre en pratique, il faudroit que les parens & les maîtres concouruſſent à encourager la jeuneſſe, & à plier ſa volonté à l'exercice de tout ce qu'elle auroit appris. J'ai déjà plusieurs fois traité cet article en paſſant; mais pour le mettre dans tout ſon jour, & ſuivre le plan indiqué §. 57, il eſt temps de parler de ce qu'il convient de faire à cet égard.

Je voudrois que, pour échauffer le zele des jeunes gens, & les porter à ſe livrer même déjà à quelques petites occupations analogues aux leçons qu'ils recevront journellement, on fît de temps en temps quelques visites dans les Ecoles, & qu'en ces jours de cérémonie, après avoir examiné la jeunesse en présence des Cultivateurs les plus expérimentés du lieu, on distribuât des Prix à quelques-uns de ceux qui se seroient le plus distingués tant dans la théorie que dans la pratique ; rien n'est plus propre à faire impression sur la jeunesse que les distinctions & les préférences accordées au zéle & à la capacité, sur la paresse & l'ignorance ; en quoi que l'on fasse consister ces distinctions, de quelque peu d'importance qu'elles soient en elles-mêmes, elles n'en feront pas moins leur effet. Il faut seulement éviter les Prix en argent & en friandises, comme trop capables de porter la jeunesse à de dangereuses passions ; on a coutume, en quelques pays, de récompenser les enfants, en leur accordant à l'Ecole & à l'Eglise, une place particuliere, & en les revêtant de certains habits. Mais quels que soient les Prix que l'on accorde, il faut avoir grande attention de ne les donner jamais qu'à ceux qui comprendront le mieux les choses, & qui pourront les expliquer à ceux qui ne sauront que les réciter par cœur : un savoir purement méchanique, une simple opération de la mémoire ne font pas un savoir, puisqu'une telle qualité tient autant du perroquet que de l'homme : chacun se livre volontiers à un travail lorsqu'il est sûr d'en recueillir le fruit ; en un mot accordez un Prix au zele, & vous exciterez mille concurrents. Si je ne me trompe, l'Angleterre, la Suede, la Suisse & beaucoup d'autres pays ne doivent leurs progrès dans l'agriculture & plusieurs autres arts, qu'à l'usage judicieux qu'ils ont su faire des récompenses.

§. LXXVI.

*Comment il faut s'y prendre pour rendre
la jeunesse laborieuse.*

POUR former le cœur des jeunes
gens, & leur donner l'amour du travail, il est nécessaire de leur inspirer
plusieurs vertus : la premiere doit être
la diligence & le zele ; qu'ils soient
toujours occupés. Si on n'accoutume
pas de bonne heure la jeunesse à fuir l'oisiveté, elle se livrera dans la suite
très - difficilement au travail : l'agriculture est un art qui exige un exercice continuel ; ainsi tout homme qui
craint la peine, n'y est pas propre ; plus
l'amour du travail est nécessaire, &
moins il est facile de l'inspirer à la
jeunesse, pour peu que l'on s'y prenne
mal, ou qu'elle n'y soit pas naturellement portée.

Les parents se plaignent communément que leurs enfants font difficiles à inſtruire, déſobéiſſants, groſſiers, opiniâtres ! mais c'eſt à eux-mêmes qu'ils doivent s'en prendre; en général les enfants font agiles, actifs, pleins de vivacité; ou peſants, pareſſeux, pleins de moleſſe: peu tiennent le milieu, & comme les premiers ne s'y font même pas aiſément d'abord à un travail continu, il ne faut pas s'étonner ſi les autres témoignent tant d'averſion pour la moindre fatigue. C'eſt donc aux parents à chercher les moyens les plus propres à rendre les uns & les autres actifs & laborieux , & à les porter à remplir leurs devoirs.

Lorſqu'un enfant eſt d'un naturel volage & léger, qu'il ne cherche que l'occaſion de jouer, il ne faut cependant pas exiger de lui trop ſévérement un travail aſſidu, la rigueur ne ſerviroit qu'à augmenter ſon dégoût pour l'occupation, & à lui rendre tout travail odieux; il pourroit s'y livrer

en préfence de fon perē; mais il ceſſe-
roit bientôt dès qu'il ſe verroit en
liberté. Pour accoutumer ces enfants-
là au travail, il faut s'efforcer de leur
en faire comme un amuſement, leur
donner quelque choſe à faire comme
pour les récompenſer, quand on a lieu
d'être content d'eux, choiſir le genre
d'occupation qui leur plaît davantage
& continuer juſqu'à ce qu'ils ſoient
las de la choſe; en s'y prenant ainſi,
c'eſt-à-dire en écartant la rude contrainte, & en employant les éloges
& les récompenſes, on les verra bientôt quitter peu-à-peu leurs amuſements ordinaires, pour ſe choiſir d'eux-
mêmes des occupations utiles.

La jeuneſſe n'aime rien tant que
les éloges, la louer d'avoir bien fait,
c'eſt la porter à recommencer, ce qui
arrivera d'autant mieux, ſi l'on a ſoin
de lui faire enviſager l'avantage qui
lui en revient tant pour elle-même,
que pour ſa famille. Il ſeroit bon qu'un

pere affignât à fes enfants un petit coin de terre , avec pleine liberté de le cultiver à leur fantaifie, & de s'en approprier les fruits; qu'il feroit même très - bien d'acheter d'eux ce petit profit qui les mettroit dans le cas de comprendre l'utilité du travail, les y animeroit infailliblement.

L'enfant montre-t-il de la pareffe, de la nonchalance? il faut chercher à en découvrir la caufe; fi l'on remarque qu'il n'eft pareffeux que dans le cas d'un travail trop rude & au-deffus de fes forces, que d'ailleurs il ne balance point à faire ce qui lui eft enjoint, & qu'il montre de la vivacité toutes les fois qu'il eft libre de s'amufer comme il lui plaît, on doit fe conduire avec lui de la même maniere que pour les enfants naturellement vifs.

Mais fi l'enfant montre en tout la même pareffe , le même engourdiffement , il faut encore en rechercher la caufe ; quelque pareffeux & engourdi

gourdi que foit un enfant, il a toujours un certain penchant qui le porte
à préférer une chofe à une autre, nous
aimons même dès l'enfance à être propres à quoi que ce foit. Je fuppofe
qu'un enfant qui, par exemple, ne va
pas volontiers travailler aux champs,
fe plaife à s'occuper à la maifon, ou
à fe mêler de ce qui concerne les beftiaux; dès que le pere a découvert
cette inclination, il doit, s'il eft fage,
s'efforcer de la feconder, jufqu'à ce
que, comme il arrive d'ordinaire, ce
penchant commence à diminuer, &
qu'il fe dégoûte: alors c'eft le moment
de l'exercer à tout ce qu'il lui eft
important de bien connoître. Il en eft
du travail des mains comme de celui
de l'efprit: procurez à quelqu'un dé-
goûté de certaines lectures, des Livres
felon fon goût, & vous le verrez bientôt lire avec application les plus
folides & les plus utiles pour lui. Si
ces moyens ne fuffifoient pas, il fau-

droit avoir recours à d'autres plus capables de tirer l'enfant de sa léthargie, en employant toutefois beaucoup de modération. Par cette conduite les peres peuvent être sûrs d'amener l'enfant à leur but; & quand ils ne parviendroient pas à réformer entiérement le naturel, l'habitude du travail le lui rendroit cependant familier.

Mais il est aussi des enfants qui ne s'éloignent du travail que par trop de timidité & de défiance de leur propre capacité; le meilleur moyen d'encourager ceux-là, & de leur faire entreprendre tout avec résolution, c'est l'exemple; les parents, non contents de se plaindre continuellement de la vie pénible & laborieuse qu'ils font obligés de mener, témoignent beaucoup trop, par leurs actions, leur peu de zele pour le travail; on les voit cracher dans leurs mains & se reposer à tout moment, comme pour persuader à tout le monde l'excès de la fatigue qu'ils endurent; ce n'eſt pas là le moyen d'encourager leurs enfants, ce n'eſt au contraire qu'en leur montrant beaucoup de zele & d'activité qu'ils peuvent eſpérer de les rendre laborieux: qu'ils les animent par leur exemple, qu'ils les aident de temps en temps en les raillant de n'avoir pu d'eux-mêmes venir à bout de leurs petites entrepriſes, & ils les verront bientôt pleins de bonne volonté non ſeulement ſe ſuffire à eux-mêmes, mais encore ſe pavaner d'une capacité qu'ils n'ont pas.

Comme nous l'avons déjà remarqué, §. 53, le pouvoir de l'exemple eſt ſi grand, que, pour animer au travail enfants & domeſtiques, le meilleur parti pour un pere de famille, c'eſt de ſe montrer toujours le premier à l'ouvrage; les enfants prennent aiſément le genre de vie de leurs peres, ſans même s'appercevoir ſi leur con-

duite eſt vicieuſe ; & comme d'ordinaire les Payſans aiſés ſont plus laborieux que les autres, leurs enfants
craignent auſſi beaucoup moins la peine
que ceux des pauvres. Que le pere
ſoit économe, & s'efforce toujours
d'améliorer ſon état, ſes enfants ne
manqueront guere de le ſeconder:
ſe trouve-t-il au contraire dans des
circonſtances fâcheuſes, plongé dans
la miſere, &, par un effet du malheur
ou de ſa mauvaiſe conduite, ſurchargé
de dettes au point de n'avoir aucun
eſpoir de s'acquitter, alors les bras
lui tombent, & ſes enfants l'imitent.

On ſe ſouvient de ce Payſan phi-
loſophe dont j'ai fait une honorable
mention, §. 53 : ayant dit un jour à
un de ſes amis d'enſeigner à un de
ſes gens la meilleure maniere d'améliorer les campagnes, par le mêlange des
différentes eſpeces de terres, en l'a-
vertiſſant de choiſir pour cela un
homme entendu & vigoureux; mais

qui manqua par fois de bonne volonté, celui-ci prit en effet un homme de ce caractere, & le mena avec lui dans les champs; mais voyant qu'il avoit travaillé avec lui du matin au foir, de la maniere la plus affidue, & ayant reproché à fon ami d'avoir voulu lui en faire accroire, celui-ci lui répondit que s'il vouloit que fes gens travaillaffent, il devoit être lui-même le premier à leur en donner l'exemple.

Voilà ce qu'on peut dire, avec la plus grande raifon, à beaucoup de Payfans qui ne ceffent de fe plaindre de la pareffe de leurs enfants, tandis qu'eux-mêmes ne font que perdre continuellemment le temps au cabaret, à courir les marchés, ou à refter les bras croifés au coin du feu. Lorfque je vois certaines gens exhorter fans ceffe les autres à travailler, fans jamais rien faire, il me femble entendre des cloches qui ne ceffent d'inviter le peuple de venir à l'Eglife, fans jamais y entrer elles-mêmes.

Pere de famille! montre l'exemple à tes enfants, accoutume-les de bonne heure au travail; & loin d'imiter la honteufe oifiveté de leurs voifins, ils craindront de fe trouver comme eux dans la plus affreufe mifere; tu les verras méprifer ces fainéants & ces lâches, fouffrant la faim & la foif, & faifant des projets auffi vains qu'illicites, pour échapper à la mifere qui les accable, tandis que ne manquant de rien, ils ne devront leur bien-être qu'à leur induftrie.

§. LXXVII.

Il importe à l'Etat que les Payfans foient laborieux.

RIEN ne contribue tant au bonheur d'un pays que le travail & l'induftrie de fes habitants : c'eft une vérité inconteftable, d'où il fuit que plus un Etat peut compter de Cultivateurs laborieux & intelligents, & plus il eft heureux ; mais comme nous voyons affez communément aujourd'hui le Payfan ne faire que ce qu'il a appris de fes ancêtres, c'eft-à-dire donner dans mille erreurs, il feroit fort à propos de chercher à le redreffer. Or il me femble qu'un bon moyen feroit d'employer de temps en temps des Cultivateurs étrangers, pour montrer l'exemple aux peres & aux enfants, & leur enfeigner la meilleure maniere de fertilifer les terres &

de gagner leur pain. Il feroit bon auffi ,
pour encourager la jeuneffe, de lui citer
les exemples de bons & honnêtes Citoyens, dont la feule induftrie a fait
le bien-être ou la fortune. Parmi ces
exemples fi dignes d'éloges, il ne
faudroit pas oublier celui de notre
Payfan philofophe, qui, de pauvre &
chargé de dettes qu'il étoit, s'eft vu
en peu de temps, par fa feule activité, dans une aifance à étonner
tous fes compatriotes.

On trouve dans Pline un autre
exemple non moins digne d'attention. Cet Auteur raconte qu'un certain Caïus-Furimus-Creffinus, envié
de fes voifins, à caufe des riches récoltes qu'il tiroit d'un petit champ, tandis qu'avec beaucoup plus de terres
leur moiffon n'étoit pas fi abondante;
& cité par eux en Juftice comme Ma-
gicien, prit avec lui fa fille qui jouif-
foit de la fanté la plus vigoureufe,
divers inftruments très-bien condi-

tionnés qui lui fervoient journellement à la culture de fon champ, &
dit à fes Juges, que toute fa magie
ne confiftoit que dans les chofes qu'il
leur montroit, ainfi que dans fes fueurs
& fa vigilance qu'il ne pouvoit produire de même. Ce plaidoyer fit fon
effet; il fut envoyé abfous & comblé
d'éloges.

Si les parents vouloient faire attention aux fages Cultivateurs, & profiter
de tous les bons exemples que beaucoup de Livres pourroient leur fournir,
pour encourager, pour aiguillonner
leurs enfants; fi ceux-ci vouloient faifir
tous les moyens d'acquérir l'expérience & l'habitude du travail, nous
verrions le Payfan non feulement plus
utile à fa famille qu'il ne l'eft communément, mais encore fervir avantageufe-
ment l'Etat, qui n'a que trop à fouffrir
de la pareffe & de la négligence de fes
membres. Combien de Communautés
entieres manquent d'eau, qui pour-

roient s'en procurer fort aifément, fi
chaque Particulier vouloit y contribuer, foit de fon argent, foit de fon
travail ! En général le Payfan femble vouloir que Dieu, qui cependant
ne condamne rien plus que l'oifiveté,
faffe des miracles pour réparer les
fuites de fa négligence. Derniérement
encore, lorfque les chenilles ont dé-
folé le pays, n'avons-nous pas vu
toutes les Communautés faire venir
de Rome la permiffion d'excommunier,
comme dit le Payfan, ces infectes,
tandis qu'il fuffifoit, pour s'en déli-
vrer, que tout le monde concourût
à les détruire, foit dans l'automne,
ou même au printemps ? Faut-il s'étonner que Dieu n'exauce pas nos vœux,
lorfque nous le prions, fans nous aider en rien nous-mêmes ? C'eft aux
peres & aux meres à ne ceffer de faire
fouvenir leurs enfants, que s'ils veulent vivre avec honneur, il eft néceffaire qu'ils foient affidus au travail :

Mortel ! es-tu jaloux d'avoir ta nourriture ?
Fais, de tout ton pouvoir, profpérer la culture
De ce grain précieux qui te donne du pain,
Et que, près de la ronce, on chercheroit en vain ?
Qu'après un bon labour ta terre enfemencée,
Puiffe de tes fueurs fans ceffe être engraiffée.
De l'humide & du fec, & du froid & du chaud
Obferve l'influence & préviens le défaut . . .
Joins l'exemple aux leçons, & prouve à ta famille
Que de l'oifiveté l'indigence eft la fille ;
Dis-lui que l'Eternel ne permet le repos
Qu'après des jours paffés dans d'utiles travaux,
Et que de fes faveurs l'abondante largeffe
N'eft promife qu'à ceux qui s'occupent fans ceffe.

Un Peuple qui peche du côté de l'induftrie & de l'amour du travail, qui ne fait pas fe procurer par lui-même les chofes néceffaires à la vie, fût-il nombreux, ne peut avoir qu'une puiffance apparente & précaire que la plus petite révolution peut anéantir. La véritable force d'un Etat réfide donc toute entiere dans les bras du Citoyen. L'intelligence, le travail affidu de l'honnête Cultivateur, font donc le plus ferme appui des Nations.

Mais en vain les peres apporteront tous leurs foins à donner à leurs enfants l'éducation la plus conforme à leur état, s'ils n'ont pas l'avantage de fe voir fecondés. Combien de Seigneurs ont la dureté d'exiger de leurs Fermiers un tribut d'autant plus confidérable, que ceux-ci font parvenus à mettre leurs terres en état de produire davantage ! Qu'arrive-t-il ? le Cultivateur qui voit que ce n'eft jamais à lui que revient le produit de fon travail, qui, lorfqu'il croit s'être procuré une bonne récolte, ne peut cependant en jouir en aucune façon, perd tout-à-fait courage ; il ceffe d'entreprendre continuellement des travaux dont il profite fi peu ; il ceffe de s'occuper de l'amélioration des terres & d'y encourager fes enfants ; pourvu qu'il puiffe fubfifter, peu lui importe par quel moyen. Son indifférence va fouvent jufqu'à permettre à fes enfants d'abandonner leur pays & de devenir tout ce qui leur plaît.

Mais aujourd'hui on voit le Gouvernement s'occuper à rectifier ces abus, & le grand & le petit, le riche & le pauvre, le Seigneur & le vassal, concourir tous également au même but & ne s'occuper que du bien public. Le Cultivateur voyant le Souverain favoriser ses travaux, redouble d'efforts & d'activité, & s'abandonne avec joie à ce penchant naturel à l'homme, de travailler utilement pour l'avantage de la société, qui ne peut subsister qu'autant que tous ses membres se prêtent un mutuel secours ; il s'abandonne, dis-je, à ce penchant approuvé par Dieu même, qui, comme le pere commun de tous les hommes, veut que chaque individu contribue au bonheur de tous en proportion de ses facultés ; que les grands & les riches, au lieu d'opprimer sans cesse le foible & le pauvre, le fecondent & le foutiennent dans fes travaux : il ne faut qu'un pareil encouragement pour produire les plus heureux effets. A la Chine, Empire fameux à plus d'un égard, mais fur-tout par rapport à l'agriculture & à la population, l'Empereur lui-même ne dédaigne pas de conduire une fois l'année la charrue, de fa propre main, & fuivi d'un nombreux cortege, de fes Miniftres & de fes principaux fujets. Combien d'exemples ne pourroit-on pas citer de perfonnes de la premiere diftinction, qui ne rougiffent pas de cultiver leur champ, tandis que, d'un autre côté, nos Grands tiennent cette occupation fi fort au-deffous d'eux, qu'ils ne daignent pas même en parler !

§. LXXVIII.

De l'Économie domeſtique.

IL eſt juſte que l'homme ſoit ré-
compenſé de ſes ſueurs par un honnête profit ; mais quel fruit retire-
roient de leurs travaux les gens de
la campagne ? à quoi leur ſerviroit
le peu qu'ils ont gagné, s'ils ne ſa-
voient pas en faire un bon uſage, ou
s'ils le dépenſoient dans le libertinage & la débauche ? Cette réflexion
nous invite à parler d'une vertu qui
n'eſt pas moins néceſſaire que celles
dont nous avons fait mention ; car
ſi celles-ci ſervent à acquérir, celle-
là ſert à conſerver : c'eſt le but d'une
ſage & judicieuſe économie. L'obliga-
tion de pourvoir à notre entretien &
à celui de notre famille, en travaillant
au bien général, veut non ſeulement
que nous reſtions dans l'état où Dieu

nous a fait naître, mais encore que nous travaillons fans ceffe à nous y rendre heureux de plus en plus; ce doit être notre but principal ; & nous ne devons négliger aucun moyen licite d'y parvenir. L'économie exige de la fageffe pour faire un bon emploi de fon bien ; autrement elle n'eft plus qu'une fordide avarice. Mais fi la foif d'amaffer eft un vice très-condamnable, cet amour de l'argent qui porte certaines perfonnes à le tenir toujours foigneufement renfermé, fans même avoir la force de s'en deffaifir, lorfqu'ils pourroient le faire avec avantage, eft encore beaucoup plus blâmable. Celui qui, fans nuire à perfonne, cherche à acquérir & à augmenter fes acquifitions, eft feul digne d'éloges. C'eft la faine raifon qui nous prefcrit cette conduite ; c'eft auffi ce que je nomme fage économie.

Mais fi cette vertu eft recomman-

dable pour tout le monde, & particuliérement pour le Payſan, il doit éviter ſoigneuſement le vice contraire.
La prodigalité l'entraîneroit dans mille
déſordres. Un Payſan qui dépenſe follement ſon bien, eſt incapable de s'occuper ſérieuſement de l'économie rurale, & d'apporter aucun ſoin à la
culture des campagnes. Parfaitement
indifférent ſur tout ce qui concerne
le bien-être de ſa famille, ſes affaires
deviennent de jour en jour plus mauvaiſes ; ſes champs reſtent en friche,
ſes biens perdent continuellement de
leur prix ; pere & mere, enfants, toute
la famille tombe dans la plus affreuſe
miſere, c'eſt-à-dire dans un gouffre
de maux. On doit donc accoutumer
de bonne heure les enfants à faire
un bon uſage de ce qu'ils poſſedent,
afin qu'un jour ils ne diſſipent pas un
héritage qui a coûté tant de ſueurs
à leurs peres. La pauvreté eſt ſans
doute un grand mal, en ce qu'elle

rend souvent l'homme capable de tout se permettre pour en adoucir le poids ; mais la fortune dans les mains d'un homme qui ne sait pas en user, est aussi une grande source de vices.

Un défaut très-commun chez le Paysan, c'est de ne point songer au lendemain, & de vivre, comme on dit, au jour la journée ; cependant un bon pere de famille, indépendamment du nécessaire journalier, doit encore songer à se ménager quelques ressources pour les cas imprévus ; ce qui ne peut se faire sans économie, c'est-à-dire sans proportionner sa dépense à ses revenus. Pour calculer juste à cet égard, il faut faire attention à bien des choses ; mais considérer sur-tout ce que l'on peut retirer de la culture des campagnes, & ne jamais compter sur les productions de l'année, parce qu'aussi long temps qu'elles sont sur pied, elles sont sujettes à mille accidents. J'ai

connu un Payfan qui, pendant tout
l'été, lorfque les vignes promettoient,
ne ceffoit de compter fur les produits
de l'automne ; mais fouvent il arrivoit qu'une gelée emportoit toutes
fes efpérances, & l'obligeoit encore
à fe défaire des grains deftinés à enfemencer fes champs pour fatisfaire le
Vigneron.

On ne peut apporter trop de foin
à mettre la jeuneffe à l'abri de ces
erreurs, en lui infpirant la prévoyance
qui eft fi néceffaire à l'homme. Il ne
faut pas ceffer de lui répéter qu'indépendamment du préfent, l'homme
fage doit s'occuper de l'avenir, à
l'exemple de la fourmi qui ramaffe
foigneufement pendant la bonne faifon tout ce dont elle a befoin pour
le temps où elle ne peut rien faire ;
qu'un feul homme, lorfqu'il fe conduit
mal, peut diffiper aifément ce que
cent autres ont eu beaucoup de peine
à amaffer ; que fi l'on ne doit faire

aucune dépenfe fuperflue, on doit tout auffi peu tenir fon argent renfermé, toutes les fois que l'on a occafion de le faire valoir honnêtement ; que fouvent le proverbe qui dit que, qui dépenfe beaucoup eft un bon économe, eft très-vrai. Voilà les vérités qu'il faut prêcher à la jeuneffe ; car c'eft fouvent faute de les connoître que le Payfan non feulement ne fait aucune épargne , mais qu'il ruine fes affaires fans reffources. Combien n'en voyons-nous pas dépenfer en peu de mois tout leur avoir, & vivre enfuite de la maniere la plus miférable ! Combien qui diffipent follement ce qui a coûté tant de fueurs à leurs peres ! Combien qui ne retirent que peu ou point d'avantage de leurs champs, faute de faire les frais qu'en exige la culture ! Combien négligent l'occafion de doubler leur argent, uniquement pour le garder dans leur bourfe !

Combien se constituent en frais de Justice, faute d'avoir acquitté une petite dette ! Combien qui, pour épargner une médecine en cas de maladie, négligent leur santé & celle de leurs bestiaux !

Je ne finirois pas, si je voulois entrer dans le détail de toutes les fautes que commettent les gens de la campagne, faute d'entendre l'économie, & de savoir faire un bon usage de leur argent. Il seroit facile d'obvier à tous ces maux, si les parents vouloient donner plus de soin à l'éducation de leurs enfants, & travailler de bonne heure à les rendre économes : un bon moyen seroit de les accoutumer dès l'enfance à la sobriété, à se contenter de vivre selon leur état & leurs facultés, à ne se plaindre jamais d'une nourriture peu abondante ou mal apprêtée, à ne pas dévorer les aliments, ou à ne manger que les choses qui sont à leur goût; un autre moyen, c'est de les régler

dans leurs repas : cette mauvaise habitude de manger à toute heure, qui
ne semble pas mériter grande attention, est néanmoins d'une conséquence
plus grande que l'on ne pense ; il faut
aussi les accoutumer à mettre de l'ordre
dans toutes les choses qui sont à leur
usage, à ranger leurs habits avec propreté, à remettre soigneusement à leur
place les outils dont ils se sont servis,
& à ne les point gâter ; c'est par de
semblables habitudes que les parents
pourront parvenir à inspirer à leurs
enfants le goût de l'économie ; pauvres
en général & obligés de vivre de leur
travail, les gens de la campagne n'en
seroient que plus malheureux, si leurs
enfants n'étoient accoutumés de bonne
heure à se contenter de peu & à s'accommoder en tout à leurs facultés ;
séduits par le mauvais exemple de ceux
qui dépensent le Dimanche tout ce
qu'ils ont gagné dans la semaine, ils
les imiteroient, & ne se ménageroient

jamais par leurs épargnes, la plus petite reſſource.

Outre cela, les meres doivent apporter tous leurs ſoins à l'éducation de leurs filles, & veiller particuliérement à ce que la vanité ne ſe gliſſe pas dans leurs cœurs ; pour y parvenir, elles ne doivent jamais les habiller que de la maniere la plus conforme à leur état ; ne leur permettre que les ajuſtements qui ne peuvent bleſſer en rien la retenue & la modeſtie ; leur enſeigner tout ce qui concerne le ménage ; les rendre ſoigneuſes & attentives dans tout ce qu'elles font, ſur-tout actives & vigilantes. Le ſoin du ménage regarde particuliérement les femmes ; il en eſt de ſi prodigues envers les ouvriers, que pour s'en faire aimer, elles privent ſouvent mari & enfants des choſes dont ils auroient le plus grand beſoin. D'autres non contentes de vendre à l'inſu de leurs maris tout ce qu'elles trouvent à leur bienséance, & de faire bourse à part, se reposent de tous les soins du ménage sur leurs filles ; il est encore des meres de famille, qui, lorsqu'elles ont envie de quelque chose soit pour elles, soit pour quelque fille chérie, sacrifient tout pour l'avoir, donnent au marchand tout ce qu'il exige en échange, ou achetent fort cher, s'il veut leur faire crédit : en un mot ne font nulle difficulté, pour se satisfaire, de livrer les choses les plus nécessaires à leur ménage. Comment des filles élevées par de telles meres, lorsqu'elles viennent à se marier, ne causeroient-elles pas la ruine des familles ! aussi ne voyons nous que trop souvent des belles-meres se plaindre que leurs brus ont apporté dans leurs maisons toutes sortes de malheurs.

Ces abus seroient plus rares parmi les Paysans, si, d'une part, les meres vouloient donner un bon exemple à leurs filles, & de l'autre, si les peres

s'attiroient

s'attiroient la confiance de leurs enfants & de leurs domestiques, & ne laissoient pas manquer leur famille du nécessaire: au reste, c'est assurément bien leur faute si, tandis qu'ils ne font que lésiner pour entasser écu sur écu, la femme & les enfants les trompent, dépensent de leur côté, ou desirent leur mort pour pouvoir tout dissiper à leur aise. Le plus bel héritage qu'un pere puisse laisser à ses enfants, c'est une bonne éducation.

Les parents auront toujours assez de raisons de prêcher l'économie à leurs enfants ; ils peuvent leur remontrer combien l'argent est rare, combien un pauvre Paysan, quelque laborieux qu'il soit, a souvent de peine à se procurer sa subsistance, si ses voisins ne sont pas en état de l'aider ; combien il y à peu de bonne foi parmi les hommes ; combien la prévoyance est nécessaire pour éviter mille embarras auxquels on ne pourroit échapper sans elle, tels

Q

que des procès qui, indépendamment
de ce qu'ils empêchent de vaquer aux
travaux journaliers, confument en
frais de voyages & de procédures,
tout ce que l'on a pu gagner, jufques-
là que ceux même qui font le plus
en état de tendre les bras à un honnête
Laboureur que le malheur pourfuit,
craignent la plupart de s'expofer au
danger de devenir malheureux eux-
mêmes ! d'où il fuit que pour trouver
des amis capables de nous fecourir
au befoin, il faut tâcher d'acquérir
du crédit & de la réputation, en prenant foin toutefois de ne pas faper
ce crédit par les moyens même dont
on fe fert pour l'établir. Combien de
Laboureurs qui, faute de beftiaux ou
d'inftruments néceffaires, font obligés
de laiffer leurs terres en friche ! combien de gens qui perdent leur crédit
par le foin même qu'ils prennent pour
le conferver ! de ce nombre font ceux
qui empruntent pour acheter des bef-

tiaux, ou qui les prennent à crédit,
fans avoir le fourrage néceffaire à leur
entretien ; ceux encore qui fe trouvant
dans l'embarras, travaillent pour les
autres, dans la vue de gagner quelqu'argent, pendant que leurs champs
reftent fans culture. A l'appui de tout
ce que je viens de dire, je pourrois
citer nombre de faits qui tous prou-
veroient que ces obfervations ne font
que trop juftes; mais je craindrois d'ennuyer le Lecteur par le récit faftidieux
de chofes qui fûrement ne lui font
pas inconnues.

§. LXXIX.

Qu'il faut mettre le temps à profit, & apporter de l'exactitude & de la régularité en toutes choses.

IL est une sorte d'avarice que l'on peut se permettre, c'est celle du temps. Peut-être trouvera-t-on superflu que je traite de cette espece d'économie, après avoir tant recommandé la vigilance & le travail. Il semble en effet qu'un homme actif & laborieux n'a pas grand besoin qu'on l'exhorte à bien employer son temps; cependant il est des cas où beaucoup de personnes, même de ce caractere, ne font pas là-dessus assez d'attention: tels, par exemple, que ceux qui s'occupent de bagatelles ou de choses de peu d'utilité; ceux qui pouvant faire plusieurs choses à la fois, sont dans l'habitude de n'en faire qu'une. On ne peut assurément pas dire que ces gens-là mettent le temps à profit. Il eſt des gens qui, toujours en mouvement, ont l'air d'être fort affairés, & qui ne font en effet rien du tout, tandis que d'autres font beaucoup, ſans paroître rien faire. Ce n'eſt pas aſſez d'occuper la jeuneſſe, & de lui recommander de faire un bon uſage de ſon gain ; il faut encore lui enſeigner à mettre le temps à profit ; à ſavoir diſtinguer les choſes qu'il eſt plus à propos, plus néceſſaire de faire pour le moment, de celles qui peuvent aiſément ſe remettre ; à ne jamais différer un inſtant d'exécuter ce dont le delai peut tirer à la plus petite conſéquence ; à ſe piquer d'exactitude & de régularité en toutes choſes. On ſent aſſez combien de ſemblables avis peuvent être utiles à une jeuneſſe deſtinée à l'Agriculture, ſans que je m'arrête à le prouver. Tout Cultivateur de bon ſens ſait de quelle conſéquence il eſt de saisir l'instant le plus propice à certains travaux ou à certaines affaires domestiques, & par conséquent combien il est nécessaire de faire attention aux diverses circonstances. Il ne faut que s'entendre un peu aux bestiaux, pour savoir de quelle conséquence il est de savoir à propos leur administrer la nourriture, & de connoître assez cette partie pour les entretenir toujours en bon état, avec le moins de peines & de dépenses possibles. Il n'est point de Laboureur, tant soit peu expérimenté, qui ne reconnoisse combien il importe d'ensemencer les terres dans le temps le plus convenable; de ne semer ni trop tôt ni trop tard, & de ne pas prendre un terrein trop humide ou trop sec ; qu'il faut savoir couper l'herbe à propos, relativement à l'espece de bétail auquel on la destine ; & que pour les animaux à lait, il est nécessaire que l'herbe soit dans toute sa force. Il seroit fort à defirer que ces vérités & grand nombre d'autres, toutes relatives au temps, à l'ordre & à la ponctualité qu'il convient d'obferver dans les divers travaux de la campagne, fuffent plus généralement connues, ou que les mauvaifes coutumes ne prévaluffent pas. Lorfque la jeuneffe aura reçu une meilleure éducation, lorfqu'on l'aura affranchie de cette foule de préjugés qui empêchent les Payfans de fuivre les bons principes, peut-être verrons-nous l'Agriculture plus floriffante.

L'efprit d'ordre eft encore un point fort effentiel. Les parents ne doivent rien oublier pour y accoutumer les enfants dès le berceau; pour cela il faut qu'ils aient grand foin eux-mêmes de ne jamais s'en écarter. C'eft aux meres fur-tout à l'obferver en tout dans la tenue de leurs enfants, & à ne s'en point laiffer diftraire par foibleffe pour leurs petites fantaifies.

Au moyen de cette conduite, ils s'accoutumeront à ne rien defirer à contre-temps. Lorfque leur raifon commencera à fe développer, on pourra leur faire comprendre l'avantage qu'ils ont fur les enfants auxquels on n'a point infpiré ce goût de l'ordre. Si l'on s'applique de bonne heure à rendre la jeuneffe exacte & réguliere en tout, cette habitude lui deviendra fi naturelle & fi familiere qu'elle ne s'en écartera plus. Rien n'eft plus propre à la faire contracter aux enfants que de les habituer dès le berceau à être en tout foumis à l'heure. Nous voyons les animaux même fuivre fans difficulté l'ordre auquel on les a accoutumés. Par-tout où l'efprit d'ordre ne regne pas, tout eft bientôt en confufion. Un pere de famille ne peut apporter trop de foins à ce que fes enfants, fes domeftiques en foient tous également animés ; que chacun faffe exactement & en fon temps ce qu'il a ordonné, sans que jamais personne puisse se reposer sur autrui de ce qu'il l'a chargé de faire; & comme il ne peut être par-tout, il doit se faire rendre compte de l'exécution de ses ordres. Cette méthode bien observée rendra ses gens plus attentifs & plus exacts, & le mettra en état de punir les infracteurs, ou de redresser ceux qui auront fait quelques fautes. Voulez-vous avoir des hommes laborieux, de bons peres de famille ? inspirez l'esprit d'ordre à la jeunesse.

§. LXXX.

Il faut être content de son état.

POUR bien remplir ses devoirs, il est nécessaire que tout homme sache se contenter de la condition dans laquelle la Providence l'a placé : or, si le Paysan ne se plaît pas dans la sienne, on ne doit pas s'attendre à lui trouver les qualités dont nous avons parlé jusqu'ici. C'est donc aux parents à écarter de leurs enfants toutes les occasions, toutes les idées propres à les dégoûter de leur état, & à les faire penser aux moyens de se soustraire à des travaux devenus pour eux insupportables. Aussi long temps que dure l'enfance, il ne faut à la jeunesse que des joujous : tout le reste lui importe peu ; mais dès que la raison commence à se développer, c'est toute autre chose. Qu'alors un jeune Payfan voie quelqu'un de fes camarades, de fes freres, de fes fœurs dans une condition qui ne l'oblige point à gagner, comme lui, fa vie à la fueur de fon front, tout eft perdu : fon état lui paroît le plus miférable de tous les états, il ne fonge plus qu'à le quitter.

Que veut-on, par exemple, que penfe un jeune Villageois, lorfqu'il voit un de fes camarades entrer au fervice de quelque perfonne de diftinction, porter de beaux habits, avoir toujours le gouffet garni, tout cela prefque fans rien faire ? Lorfqu'il voit, à grands frais & aux dépens de fes fueurs, pouffer aux études un de fes freres ; que ce frere paffe le temps des vacances à la chaffe, & fous fes yeux, tandis qu'il eft employé à la garde des beftiaux, ou à quelque travail pénible ; que fes parents diftinguent cet enfant des autres ; qu'au bout de quelques années, ce frere prend le petit collet, devient Prêtre, & passe pour un personnage du canton, qu'il a de bons revenus, joue, va à la chasse, en un mot, passe une vie fort douce & fort agréable ; qu'il porte la tête haute, fait l'entendu sur tout, & veut même faire la loi à pere & mere ; lorsqu'il voit un autre de ses freres devenir un gros Notaire, & n'avoir autre chose à faire, pour vivre commodément, qu'écrire à son aise & à l'abri des injures du temps, tandis qu'il y est exposé du matin au soir ; lorsqu'il voit quelque misérable fainéant dont on n'a jamais pu rien faire, entrer dans quelqu'Ordre Religieux, & sans être ni plus spirituel ni de meilleure naissance que lui, être admis en bonne compagnie, & manger à la table des personnes distinguées.

Quelle idée veut-on qu'une jeune Paysanne ait de sa condition, en voyant une de ses sœurs ou de ses compagnes devenir cuisiniere ou femme-de-chambre dans une bonne maison , faire la dame , manger de bons morceaux, jouir d'un sort plein d'agréments, & finir quelquefois par faire un bon mariage ? Peut-on s'étonner si , dans tous ces cas, la vie laborieuse & fatigante du village devient à charge à une jeunesse sans expérience, & qui ne voit les choses que par leur bon côté ?

Si donc les parents veulent éviter l'impression que de pareils exemples ne peuvent manquer de faire sur leurs enfants, qu'ils se hâtent de leur faire connoître que souvent rien n'est aussi trompeur que l'apparence ; qu'ici-bas nulle condition n'est exempte de peines, & que peut-être celle du Villageois est encore la plus digne d'envie. Si le plus grand bonheur que nous puissions goûter en ce monde consiste dans la tranquillité de l'ame & du corps, qui peut s'estimer plus heureux que

l'honnête Payfan , lorfqu'il a de la fanté, & qu'il ne fe repaît pas de vaines
chimeres ? Qui plus que lui doit re-
mercier la Providence de l'état dans
lequel elle l'a placé ? Qui peut rendre l'homme malheureux, fi ce n'eft
une imagination déréglée qui le porte
à defirer des biens fuperflus & inutiles à fon bien-être, tels que les ri-
cheffes, les honneurs, le pouvoir de
dominer? Cependant l'expérience journaliere devroit bien nous convaincre
de la futilité de ces biens, puifqu'ils
n'exiftent jamais fans être mêlés d'un
grand nombre de maux. La jouiffance
d'une fortune confidérable entraîne
toujours tant de peines & d'inquié-
tudes, que fi l'on vouloit pefer exactement les plaifirs & les chagrins
qu'elle procure, on verroit que les
premiers fe réduifent à bien peu de
chofe.

Quel Payfan voudroit changer fon
fort pour celui de certaines gens qui,

revêtus des habits les plus magnifi-
ques, affis aux tables les plus fomp-
tueufes & les plus délicates, n'en font
fouvent que plus expofés aux fou-
cis les plus amers? Combien de jeunes étourdis n'ont abandonné leur village dans l'efpoir d'une vie plus commode, que pour éprouver bientôt
l'excès de la mifere, ou pour fe pré-
cipiter dans les plus grands malheurs!
Quelle condition plus déplorable que
celle d'un homme qui n'a choifi l'état
eccléfiaftique que pour fe fouftraire
à des travaux pénibles ? Comment
peut s'eftimer heureux celui dont la
vie dévouée aux procès n'eft employée qu'à des écrits odieux? Peut-
on croire qu'un captif puiffe mener
une vie heureufe, parce qu'il paroît
quelquefois jouir de quelques inftants
d'agrément hors de fon cloître? Combien de malheureux ne voit-on pas
tous les jours qui ne font à plaindre
que pour s'être jetés dans tel ou tel

commerce, ou avoir embraffé telle ou telle profeffion pour laquelle ils n'étoient pas nés ! Combien de jeunes Payfannes couvertes d'opprobre, pour quelques-unes qui ont eu le bonheur de réuffir hors de leur pays ! Si les Payfans vouloient un peu regarder autour d'eux, ils ne manqueroient pas d'exemples pour convaincre leurs enfants qu'avec de la fageffe, ils ne regarderont jamais comme un bien tout ce qui peut les écarter de l'agriculture. Ils parviendroient aifément à leur prouver que, comme la modération eft de tous les mets le meilleur affaifonnement, elle fuffit auffi pour combler tous nos vœux. Ils pourroient leur citer nombre de familles qui, pour avoir voulu fortir de leur état, fe font précipitées dans un gouffre de maux & traînent une vie beaucoup plus miférable que le plus pauvre Payfan. Si les parents étoient perfuadés de ces

vérités autant qu'ils devroient l'être,
il leur feroit aifé de les rendre fen-
fibles à leurs enfants, dès qu'ils s'apperçoivent qu'ils fe dégoûtent de leur
condition, & de les y attacher davantage par de femblables tableaux :

Sous les lambris dorés goûte-t-on le bonheur ?
Non, mais fous l'humble toît du pauvre Laboureur.
Quoi ! fur un doux duvet mollement il repofe ?
Non, aux rigueurs du temps bien plutôt il s'expofe ;
Mais, couvert de fueur, il jouit, fans remord,
D'une tranquille paix que ne donne point l'or,
Après lequel foupire une ame ambitieufe.
O brave Villageois, que ta vie eft heureufe !

Mais, me dira peut-être quelque malheureux courbé fous le poids de l'indigence, vous en parlez fort à votre
aife. Comment pouvez-vous prétendre que les peres puiffent écarter de
leurs enfants toute idée capable de
les dégoûter de leur état ? Tous les
jours la jeuneffe n'a-t-elle pas lieu
de s'appercevoir que nous ne jouif-
fons pas nous-mêmes des fruits de
nos travaux ? Ne voit-elle pas qu'ils

deviennent la proie de nos maîtres, qui trouvent fort à propos de se les approprier pour nous laisser à peine de quoi traîner la plus déplorable existance ? Nous est-il facile après cela de persuader à nos enfants que leur condition est fort avantageuse ?

Je crois avoir assez bien réfuté cette objection dans le §. 78, pour pouvoir me dispenser maintenant de prouver à l'homme qui parleroit ainsi, qu'il se trompe fort, & qu'il ignore absolument en quoi consiste le vrai bonheur. Assurément si, d'un côté, les pauvres condamnés à une vie laborieuse, se récrient sur l'oisiveté des riches, ceux-ci en proie à diverses passions & consumés d'ennemis, portent envie à leur tour aux plaisirs purs que l'on peut goûter au Village, c'est que pour trouver toujours toute autre condition meilleure que la sienne, personne n'est content ici-bas. Plus on a, plus on

voudroit avoir. On ne s'apperçoit
pas que les besoins se multiplient à
mesure que les desirs s'étendent; d'où
il suit que l'homme le plus heureux
n'est pas celui qui possede de grands
biens, mais celui qui sait se contenter
de ce qu'il possede.

Nul état ne peut subsister sans de
grands frais, non plus qu'une société
composée de plusieurs individus de
différentes conditions, sans que ses
membres s'entre-secourent l'un l'autre; il est donc juste de payer des
droits au Souverain; &, comme le
Paysan procure beaucoup d'agréments
à la Noblesse, il est juste encore que
celle-ci supporte certaines charges au
soulagement de l'honnête Cultivateur.
En un mot, si celles du Paysan ne
sont pas trop fortes, il ne peut jamais avec raison se plaindre de sa
condition. D'ailleurs ce n'est point
à lui qu'il appartient d'en juger, puisque les besoins de l'Etat ne lui sont

pas connus. Son grand défaut est d'accuser éternellement le Souverain de trop exiger de lui; avec un peu de réflexion, il sentiroit que le Prince rend d'une main ce qu'il ôte de l'autre. Se plaindre que l'on est malheureux pour quelques légeres peines que l'on ressent, c'est vouloir l'être en effet. Quand un Paysan peut satisfaire ses besoins & améliorer son état par son travail, il doit être content; & si, dans les traverses communes à tous les hommes, il sait s'humilier devant Dieu, & lui demander la patience de les supporter, non seulement il pourra trouver sa condition heureuse, mais il ne manquera jamais de motifs pour la faire trouver telle à ses enfants.

§. LXXXI.

*Former à la jeuneſſe un cœur
ſenſible.*

Un Payſan qui, aux qualités dont nous avons parlé juſqu'ici , joint la ſageſſe de ſe contenter de ſon état , doit de plus être compatiſſant tant envers les hommes qu'envers les animaux. Peut-être croira-t-on que cette compaſſion que j'exige n'a aucun rapport à l'Agriculture , & qu'ainſi je m'écarte de mon ſujet ; mais, pour peu que l'on veuille faire attention aux ſecours continuels qu'exigent les différents travaux, on ſentira que cette vertu n'eſt pas moins indiſpenſable que les autres , ſur tout pour notre pays où il ſemble qu'elle ſoit tout à-fait banie du cœur de tout le monde. Que l'on me diſe s'il eſt poſſible d'avoir moins d'humanité que l'on n'en a communément chez nous, où l'envie regne de toutes parts, au point que nous voyons tous les jours nos Payfans fe réjouir des accidents qu'éprouvent leurs voifins; les plaintes continuelles que l'on fait à cet égard, l'efprit de difcorde, de querelles, de procès qui regne dans les communautés, en eft une affez bonne preuve. Combien de beftiaux eftropiés par des gens malfaifants, fans que ceux qui voient le mal, & qui pourroient l'empêcher, s'en mettent aucunement en peine ! On en eft quitte pour dire que l'on ne veut avoir de querelles avec perfonne. Combien de gens dont on réclame l'affiftance, & qui s'excufent fur ce qu'ils n'ont pas le temps, tandis qu'ils n'ont en effet rien à faire ! Chacun fouffre volontiers que l'on l'aide; mais peu de gens fe mettent en peine de rendre aux autres les fervices qu'ils en ont reçus. Tout le monde, & par-

ticuliérement ceux qui en ont le pouvoir, ne doivent-ils pas faisir avec
joie toutes les occasions d'être utiles
à leurs voisins ? Qu'en hiver, par
exemple, lorsqu'on ne peut travailler
aux champs, quelqu'un manquant de
bois, prie son compatriote de lui en
amener une voiture; peut-on, sans
dureté, lui refuser une complaisance
qui coûte aussi peu, & qui peut être
rendue dans pareille occasion? Quiconque a de l'humanité, n'attend pas
que l'on ait besoin de son secours, il
l'offre ; &, dût-il lui en coûter quelque chose, il ne manque jamais d'obliger toutes les fois que le cas se pré-
sente, & de remplir ainsi un des principaux devoirs que Dieu nous ait im-
posés. D'ailleurs, avec un naturel
serviable, n'est-on pas sûr de s'attirer
l'amitié de son prochain ? N'a-t-on
pas lieu d'espérer de lui les mêmes
services que l'on lui a rendus , & peut-
être dans un cas de nécessité encore

plus preſſante ? Qui peut ſe flatter de n'avoir jamais beſoin du ſecours d'autrui ? N'eſt-il pas arrivé que de pauvres Particuliers ont ſauvé la vie à de puiſſants Monarques ? Mais ſans aller chercher ſi loin les exemples, les Payſans les plus aiſés ne ſe trouvent-ils pas ſouvent dans le cas d'avoir beſoin de l'aſſiſtance des plus miſérables? En eſt-il quelqu'un qui ne ſoit dans le cas de convenir que, ſans le ſecours de ſes voiſins, il eût été quelquefois fort embarraſſé?

Tant de conſidérations ſuffiſent, je crois, pour faire ſentir à tout pere de famille la néceſſité d'inſpirer fortement à ſes enfants la commiſération, la charité & l'amour envers le prochain. Le meilleur de tous les moyens, c'eſt de leur faire ſentir combien ils ſont intéreſſés à penſer ainſi : c'eſt pourquoi il convient de les exhorter ſans ceſſe à la complaiſance, à la prévenance envers leurs freres

&

& sœurs & leurs camarades , & de leur prêcher souvent cette maxime que nous avons citée §. LXII. & toutes celles de ce genre, telles que le proverbe qui dit : *Quiconque fait le mal, au mal doit s'attendre*. Combien ne seroit-il pas à desirer que les Paysans voulussent s'occuper un peu plus de ces vérités dans l'éducation de leurs enfants !

§. LXXXII.

De la douceur envers les animaux.

Nous avons dit que les animaux mêmes exigeoient de la compassion ; cette vérité qui regarde tous les hommes en général, concerne particuliérement les gens de la campagne qui sont dans l'habitude de se montrer durs & cruels sur ce point, de deux manieres : en refusant aux bêtes la nourriture qui leur est nécessaire, & en les fa-

R

tiguant ou les maltraitant avec excès, ce qui cause quelquefois des pertes irréparables. Ou le bétail meurt de faim, ou il est hors d'état de rendre aucun service. Est-ce par esprit d'économie que l'on nourrit mal les bestiaux? Quelle erreur! Quel est l'homme sensé qui ne convienne qu'une seule vache & une paire de bœufs bien entretenus, apportent plus de profit à leur Maître que le double de ces animaux, lorsqu'ils manquent du nécessaire? La jeunesse se plaît surtout à tourmenter le bétail; rien n'est si commun que des enfants qui, pour se divertir, vexent de petits animaux de mille manieres, & frappent de toutes leurs forces les plus grands, comme pour faire parade de leur pouvoir. Un pere de famille a deux raisons de s'opposer à ces abus: l'une, le tort qui peut en résulter pour lui-même; l'autre, que ses enfants pourroient par là-devenir cruels & inhumains. Le meilleur moyen de les rendre doux & traitables envers les animaux, c'eſt encore le bon exemple. Quel effet peuvent faire ſur la jeuneſſe les juremens, les terribles imprécations que vomiſſent journellement contre les bêtes certains peres plus déraiſonnables qu'elles, lorſqu'elles manquent de faire ce qu'ils en exigent, ſouvent même par pur caprice? Cette conduite n'eſt aſſurément pas propre à la porter à la douceur & à la patience. Lorſque de ſottes meres ſouffrent que leurs enfants, lorſqu'ils ſont petits, étranglent un innocent animal, lorſqu'elles ne prennent aucun ſoin de réprimer en eux la colere & le deſir de la vengeance, faut il s'étonner s'ils deviennent de jour en jour plus féroces, s'ils exercent leur cruauté dans la ſuite, auſſi-bien ſur les hommes que ſur les animaux, & ſi leurs meres ne ſont point elles-mêmes à l'abri de leur fureur?

R ij

Il eſt des parents qui attribuent les vices de leurs enfants à la conſtellation ſous laquelle ils ſont nés ; quelle extravagance ! ce n'eſt point à l'influence de l'étoile, mais bien à celle de leurs exemples qu'ils doivent s'en prendre, ainſi qu'à la folle tendreſſe des meres qui n'ont rien fait pour les corriger dans l'enfance.

Mais comment les peres & les meres ſeroient-ils capables de régler les paſſions de leurs enfants, quand eux-mêmes ſont journellement gouvernés par les leurs ? Les Grecs & les Romains, qui, quoique Païens, apportoient beaucoup plus de ſoin à l'éducation de leurs enfants, que ne font les Chrétiens de nos jours, citoient à la jeuneſſe l'exemple du cheval, du chien, du lion & de pluſieurs autres animaux, qui, lorſqu'on les traite convenablement, ſont plus apprivoiſés que les hommes. Les peres & les meres auroient au-

jourd'hui bien plus de raison d'en
uſer ainſi, puiſque leur conduite eſt
ſi peu propre à donner à leurs enfants de bonnes inſtructions.

---

§. LXXXXIII.

De la diſſipation.

CELUI qui a bien rempli ſes devoirs
mérite récompenſe ; d'où il ſuit que
l'on doit permettre aux enfants de
ſe réjouir de temps en temps, lorſqu'ils ſe conduiſent bien, pour les encourager à mieux faire encore. Après
un dur travail tout le monde a beſoin
de reprendre des forces. Les Grecs
& les Romains avoient ſi bien reconnu
la néceſſité de la diſſipation, que leurs
Villes étoient remplies de Comé-
diens, de Lutteurs, de combats d'animaux, &c. Les parents qui ne ſavent
montrer à leurs enfants & à leurs domeſtiques qu'un front qui ne ſe déride

jamais, & qui ne permettent même pas que l'on rie en leur préfence, connoiſſent bien peu l'art de s'en attirer la confiance & l'amour, & de les mettre dans le cas de ſe trouver bien de leur condition. Aſſurément la crainte de Dieu doit, avant toutes choſes, régner dans une famille, & tout le monde doit fuir l'oiſiveté & ſe montrer exact à ſes devoirs; mais un bon pere ne doit pas ſeulement permettre à ſes enfants de ſe récréer honnêtement, il doit encore s'occuper de leur fournir des amuſements, & faire en ſorte que le délaſſement & la joie ſuccedent au travail & au ſérieux. La diſſipation eſt néceſſaire à tout le monde, mais particuliérement à la jeuneſſe qui d'ailleurs eſt plus naturellement dans le cas, que les vieillards, de rechercher les plaiſirs.

C'eſt au pere de famille à les diriger de maniere à n'en accorder jamais que d'innocents. On entend souvent dire aux Paysans qu'il faut que la jeunesse s'amuse, mais la plupart fait consister ces amusements dans une entiere liberté de satisfaire ses passions, de voir mauvaise compagnie, d'aller au cabaret, de s'enivrer, &c. Qu'arrive-t-il? Le goût du travail se perd de jour en jour; on ruine sa santé, on perd ses forces, on n'est plus capable que de mener une vie dissipée, source des plus grands maux; il arrive enfin qu'une foule de désordres ouvre les yeux au pere, mais il n'est déjà plus temps de remédier au mal. Laissez donc la jeunesse se récréer; mais ayez soin de lui procurer des amusements honnêtes. Les véritables plaisirs sont ceux qui ne laissent après eux aucun regret. On se rappelle sa jeunesse sans amertume, lorsqu'on est sûr de ne l'avoir passée qu'à des choses louables. Rien ne satisfait plus les enfants que de leur laisser la liberté

d'exécuter certains petits travaux. J'ai
souvent vu avec joie des enfants très-
jeunes prendre un plaisir tout particulier à cultiver de petits jardins, à
construire de petites charrettes, dans
lesquelles ils voituroient mille bagatelles, & à s'occuper de toutes sortes de choses de cette espece, propres à leur donner du mouvement.
Voilà les amusements qui conviennent à la jeunesse, & qui, indépendamment de la dissipation qu'ils lui
causent, la maintiennent en santé, lui
donnent le goût du travail & la disposent à aimer sa condition. Mais
comme la vivacité de son sang ne lui
permet pas autant qu'à l'âge mûr, de
s'occuper long-temps des mêmes
choses, sans en être bientôt fatiguée
ou dégoûtée, il est bon de mettre
de la variété dans ses amusements
ainsi que dans ses travaux. Une chose
à laquelle on doit prendre garde,
c'est de faire en sorte de lui assigner

toujours pour fes récréations, un lieu où il foit facile de la voir. Les jeux font même un excellent moyen de connoître le caractere & les inclinations des enfants, parce qu'emportés par le plaifir, ils oublient que l'on fait attention à eux ; le defir du gain les échauffe ; ils prennent feu & fe montrent au naturel. L'un eft timide, l'autre audacieux ; celui-ci pacifique, celui-là hargneux. Tel eft franc & fincere, tel eft rufé & fournois. Et comme on ne fauroit douter que mieux on connoît un enfant, & plus il eft facile de le bien gouverner, le temps des récréations eft peut-être de tous celui qui exige le plus d'attention. C'eft d'ailleurs à ceux qui font prépofés à l'éducation de la jeuneffe, de régler fes récréations de façon à ne les pas trop multiplier ; car la plupart des enfants ne penfent fans ceffe qu'à la maniere dont ils pourront fe di-

R v

vertir, & voudroient paſſer conti-
tinuellement d'un jeu à un autre,
comme s'ils n'étoient au monde que
pour jouer, ce qui eſt plus que ſuffi-
ſant pour les pervertir. La diſſipation
eſt ſans doute néceſſaire à la jeuneſſe, mais il faut la lui permettre
avec ſageſſe & diſcrétion.

§. L X X X I V.

Des Voyages.

LES personnes d'un certain rang sont assez dans l'usage de faire voyager leurs enfants, comme pour mettre la derniere main à leur éducation. Quelques-uns retirent beaucoup de fruit de leurs voyages, mais combien en est-il qui n'en rapportent que des modes ridicules & extravagantes, une conduite déréglée, des maximes scandaleuses ! Il seroit peut-être d'une utilité plus générale de faire voyager les jeunes Paysans. Cette proposition paroîtra sans doute étrange & ridicule à certaines gens, mais je vais faire en sorte de leur montrer clairement que cette opinion n'est pas tout-à-fait dépourvue de fondement.

Quand je dis qu'il seroit bon de faire

voyager les jeunes Payſans, je n'entends pas qu'il faille leur faire parcourir toutes ſortes de pays, pour
conſidérer la magnificence des édifices
& des jardins, examiner en curieux
les peintures & les ſtatues des grands
Maîtres, connoître les mets les plus
exquis, les vins les plus délicats, remarquer les différentes modes, & autres choſes de cette importance, pour
en pouvoir babiller dans des ſociétés
de gens oiſifs. Je n'appelle pas cela
voyager inutilement, mais perdre le
temps & ſon argent à des choſes frivoles. Tout ce dont il s'agit ici conſiſte en des abſences de quelques (1)
heures, pendant leſquelles la jeuneſſe
pourroit examiner avec attention diverſes choſes utiles : ce qui la mettroit
à portée non ſeulement de s'inſtruire,
mais encore de faire part à ces voi-

____

(1) Des voyages de quelques heures ! Cette
dée ne me paroît pas mal originale.

fins d'obfervations avantageufes à
l'Agriculture & à tout ce qui concerne l'économie rurale. Par-tout la
maniere n'eft pas la même; &, ce qui
réuffit dans un lieu, pourroit fouvent
être employé dans un autre avec le
même fuccès. Qu'un Payfan accoutumé de tout temps à voir dans fon
village employer la même méthode
de labourer & cultiver les terres, parce qu'on ne veut pas déroger en rien
aux coutumes établies, apprenne que
depuis que telle maniere de cultiver s'eft
introduite dans telle contrée, on y fait
des récoltes plus abondantes; qu'il
apprenne que, dans tel autre canton,
on cultive avec fuccès de nouvelles
plantes : dira-t-on qu'il faffe mal d'y
envoyer fon fils pour s'y inftruire
dans ces nouvelles méthodes? Peut-
on nier que ce jeune homme ne foit à
fon retour dans le cas d'être plus utile à fon pays, que ce jeune Seigneur
qui, venant de Rome ou de Paris,

fait faire, la defcription de l'Eglife de Saint Pierte & du Vatican, & le détail de toutes les magnificences de ces édifices, ou parler de la beauté des ftatues, & de l'art admirable des eaux jailliffantes des jardins de Verfailles?

Il s'eft de nos jours introduit en différents lieux tant de bonnes méthodes de cultiver, on a inventé tant d'inftruments propres à perfectionner, à fimplifier les travaux de la campagne, qu'un jeune homme doué d'un efprit tant foit peu obfervateur, ne pourroit, même dans les plus courts voyages, que faire des découvertes très-avantageufes à fes compatriotes. S'il arrivoit, ce que j'ai peine à croire, que quelqu'un manquât des commodités propres à lui faire envoyer fon fils dans les lieux circonvoifins, cela fe pourroit faire par échange, c'eft-à-dire, un pere prendroit chez lui le fils d'un autre Payfan auquel il enverroit le fien. Outre les avantages

dont nous avons parlé, cette méthode
de faire sortir ainsi la jeunesse de son
village, en produiroit beaucoup d'autres : car, sans compter que chez
eux les enfants sont exposés à être
gâtés par l'aveugle & folle tendresse
des meres, ou abrutis par la dureté,
par la brutalité des peres, ils pourroient ailleurs être utiles à d'honnêtes Cultivateurs, ce qui produiroit
un double avantage très considérable.
D'un côté cette jeunesse prenant hors
de son village des connoissances igno-
rées chez elle, en détruiroit d'autant
plus aisément les préjugés hérités de
ses ancêtres ; de l'autre, elle trouveroit
aussi plus facilement l'occasion de faire
de bons mariages.

§. LXXXV.

Des Mariages.

ME voilà parvenu au point le plus important, celui d'où dépend le bien-être des familles & l'avantage de toute l'économie rurale. Les Payſans ſont aſſez dans l'uſage de prendre des femmes dans le lieu même de leur naiſſance ; ou, ſi par haſard ils en choiſiſſent ailleurs, c'eſt communément dans les plus prochains villages : & cela vient de ce que dans les campagnes, le plus petit éloignement ſuffit pour ne plus ſe connoître. Mais ſi les jeunes gens voyageoient un peu, ils auroient des occaſions de trouver des partis avantageux, & d'épouſer des filles capables de les rendre heureux. Les jeunes Payſannes pourroient auſſi ſe procurer le même avantage, en ſe mettant au ſervice de quelques familles éloignées. De semblables alliances entre gens de différents lieux, quoique de la même contrée, pourroient avec le temps apporter de grands avantages à la société. Mais, quand il n'y en auroit d'autre que dans l'étendue même de ces alliances, dans une plus grande liaison, dans une confiance plus intime qui s'établiroit parmi le peuple, ce seroit toujours beaucoup. Un petit vallon, le moindre ruisseau suffisent quelquefois pour séparer tellement deux hameaux, qu'ils n'ont presque plus de communication ensemble. Par le moyen que je propose, cet inconvénient cesseroit ; tous les membres de la société, plus intimement unis, commerceroient ensemble beaucoup davantage, & seroient plus dans le cas de s'entre-secourir.

Mais il est nécessaire de faire connoître aux gens de la campagne nombre de fautes qu'ils ne commettent que trop fréquemment dans une affaire aussi importante. La premiere vient de la trop grande précipitation avec laquelle les peres marient leurs enfants, avant même qu'ils aient assez de raison pour comprendre toute l'étendue des devoirs qu'ils contractent ; aussi ces mariages font-ils rarement heureux, sur-tout si les époux doivent vivre dans la famille de l'un ou de l'autre. La mauvaise humeur des parents ne manque guere de semer bientôt la désunion dans des ménages ainsi formés à la hâte. Il seroit beaucoup plus sage aux peres & meres d'attendre, pour marier leurs enfants, que la fougue des passions fût un peu ralentie, & de leur laisser la liberté de réfléchir duement à une affaire aussi intéressante pour eux, de maniere à s'assurer s'ils font en état de remplir dignement les devoirs de peres & de meres. Il seroit fort à desirer que les jeunes gens, toutefois avec le conseil de leurs parents, fussent capables d'affez de difcernement pour fe choifir une compagne de leur goût. Le contentement, l'union, la concorde régneroient beaucoup plus dans les familles, & les enfants qui naîtroient de pareils mariages n'en pourroient affurément être que mieux élevés, & même y gagner du côté de la conftitution.

La feconde faute que commettent les parents confifte dans l'ufage qu'ils font de leur autorité, pour contraindre un enfant à époufer un parti de leur chöix, & lui ravir ainfi une liberté qu'il tient de Dieu même. La jeuneffe a befoin fans doute & de fecours & de confeils, mais il ne s'enfuit pas qu'il faille la traiter en efclave. L'efprit d'intérêt & d'avarice eft ordinairement la fource de cette contrainte inhumaine. Cependant de quelle confidération peut être au village la dot d'une fille? Ne fait-on pas qu'une femme entendue & laborieufe, quoique fans dot, eft fouvent plus utile à une famille que celle qui, avec du bien, ne lui apporte d'ailleurs que des défauts ? Et puis trouve-t-on fort aifément de riches héritieres parmi les Payfannes ? Au village la plus riche dot eft communément très-mince. Je voudrois que le pere & le fils s'accordaffent à choifir une fille fage & douée des qualités requifes pour une bonne mere de famille. Je voudrois d'ailleurs que ce choix n'eût lieu que du confentement mutuel des deux parties contractantes. Quand un Payfan veut faire l'acquifition d'un champ, il ne manque pas, s'il eft fage, d'en bien examiner la valeur, relativement à fes propriétés tant extérieures qu'intérieures. Il ne s'en fie pas même à fes propres yeux ; il a foin de prendre, avant de conclure, l'avis d'un voifin judicieux. C'eft ainfi que devroit en ufer un pere qui fonge à marier fon fils ; il devroit, avant tout, cher-

cher à s'affurer exactement des bonnes ou mauvaifes qualités de la fille
que fon fils ou lui ont en vue ; &,
comme il eft impoffible d'en trouver
fans défauts, l'un & l'autre devroient
examiner particuliérement de quelle
nature font ceux que cette fille peut
avoir, s'ils font naturels, ou feulement une fuite de l'habitude & de l'éducation. Les premiers font toujours les
plus dangereux : il en eft même qui fe
communiquent, & deviennent enfuite
héréditaires ; ceux-là méritent la plus
grande attention. Enfuite vient le caractere : il eft rare qu'une femme naturellement méchante & acariâtre fe
corrige, devienne une bonne mere de
famille, capable de bien élever fes
enfants. Quant aux défauts qui viennent de l'habitude, on peut être moins
févere.

Un point fort effentiel encore, c'eft
de tâcher à s'affortir du côté de la
fortune & de la condition. Il eft pref-

que impossible que réussissent les mariages disproportionnés à cet égard ;
c'est une source perpétuelle de repro-
ches & de querelles entre les époux,
sans compter la mauvaise intelligence
qui en résulte pour tous les membres
de la famille. Heureux les peres qui
goûtent la douce satisfaction de voir
leurs enfants bien mariés ! mais plus
heureux encore les enfants qui jouissent d'un pareil sort ! Combien n'est
pas malheureux l'homme qui a pour
compagne une femme frivole, arro-
gante, capricieuse, qui ne fait rien
que de travers, & veut tout gouverner à sa tête ! Combien n'est pas
à plaindre la femme qui a pour mari
un bourru, un grondeur, un brutal,
ou un lâche qui, loin de s'occuper du
bien-être de sa famille, loin de travailler & de cultiver soigneusement
son champ, n'est propre qu'à courir
les jeux & les cabarets, & à inventer mille fourberies pour duper ses

voifins ! C'eft bien alors que l'on peut appeller le mariage un véritable enfer. Combien ne voyons-nous pas d'époux être la rifée de tout le voifinage par leur conduite extravagante; qui ne peuvent être un moment enfemble fans fe quereller pour la moindre bagatelle ! Quel effet doit faire fur les enfants un pareil exemple ! D'après cela je ne m'étonne point que, dans certains pays, les Supérieurs, tant fpirituels que temporels, mettent des bornes à la liberté de fe marier. Cette matiere eft fi importante que je pafferois aifément celles que je me fuis prefcrites dans cet Ouvrage, s'il m'étoit poffible de traiter à fond de tous les objets relatifs à l'éducation des enfants.

Je paffe à une troifieme faute non moins confidérable que celles dont je viens de parler, & qui confifte dans le retardement, dans la lenteur que l'on apporte à terminer l'alliance, lorfque tout eſt déjà conclu, & qu'il ne manque plus que la cérémonie. Si le jeune homme eſt véritablement en âge de ſe marier, il en a d'autant plus beſoin que l'on veille de près à ſa conduite. Il n'eſt pas prudent alors de lui laiſſer la liberté de faire long-temps la cour à ſa prétendue. A quoi bon employer les mois, les années à la recherche d'une femme? Il eſt rare que cela produiſe de bons effets; non ſeulement c'eſt perdre le temps dans mille démarches inutiles, mais c'eſt s'expoſer à faire une perte encore plus conſidérable, celle de l'innocence. Ainſi donc dès qu'un pere ſonge à marier ſon fils, & qu'il lui a trouvé un parti convenable, il doit ſe hâter de conclure, ſans permettre, ſous aucun prétexte entre les futurs, un commerce trop intime. Les parents n'ont à cet égard que trop de confiance en leurs enfants: de là leur extrême indulgence; en un mot, je crois que le délai

qui

qui eſt rarement utile, eſt dans ce cas une choſe très-dangereuſe.

§. LXXXVI.

Concluſion.

TELLES ſont les inſtructions que j'ai cru néceſſaire de donner aux gens de la campagne, pour les mettre en état d'élever leurs enfants de la maniere la plus convenable à leur deſtination. J'aurois pu m'étendre beaucoup davantage ſur chaque Article, & multiplier les exemples pour éclaircir les principes. J'aurois pu, quant au phyſique, indiquer les moyens de guérir ou de prévenir des maladies dont je n'ai pas parlé ; & quant au moral, il auroit fourni une matiere aſſez ample pour la diſſertation ; mais, d'un côté, j'ai craint de me tromper ; de l'autre, il eſt tant de

bons préceptes, quoique tous ne
foient pas écrits avec la même circonfpection, que j'ai cru que ceux
que je viens de donner pourroient
fuffire. Je me perfuade que fi ce petit
Livre eft adopté dans les Ecoles de
campagne, il pourra fervir aux Maîtres à inftruire la jeuneffe avec plus
de facilité ; & qu'avec un peu de
pénétration, il ne leur fera pas difficile de fuppléer à ce que j'ai cru devoir négliger, pour ne pas ennuyer
les Lecteurs, & rendre par-là l'ouvrage moins utile.

Mais quelle impreffion feront capables de faire fur les gens de la
campagne ces avis dictés par la franchife & l'amour du bien? Les peres
& meres en retireront-ils quelque
fruit? En fera-t-on plus porté à corriger fes enfants, à concourir davan-
ge au bien général & particulier ?
Que je m'eftimerois heureux d'avoir
pu produire d'auffi heureux effets !

Mais que je crains bien que tout ne reste au même état, & que les enfants, faute d'inftructions & de bons exemples, ne reffemblent encore long-temps à leurs ancêtres.

Quelques perfonnes que la curiofité aura portées à lire ces avis, les trouveront peut-être impraticables, & m'accuferont de peu de connoiffance du monde & du cœur humain : je n'ai que deux mots à leur dire.

J'avoue que j'ai paffé dans le repos la plus grande partie de ma vie; mais quelque bornées que foient mes connoiffances, je fais cependant que fi mon pays eft mal cultivé, fi l'économie rurale n'eft pas auffi floriffante qu'elle pourroit l'être, c'eft à la multitude des préjugés dont il eft imbu qu'il faut s'en prendre; que l'on commet tous les jours dans l'éducation de la jeuneffe mille fautes groffieres; qu'auffi long temps qu'on les laiffera fubfifter, on ne doit s'attendre à aucun changement en mieux; & qu'enfin les peres & les meres auront un jour à répondre devant Dieu de leur extrême négligence fur tout ce qui a trait à l'éducation de leurs enfants.

> Dieu t'a-t-il donné des enfants?
> Inftruis-les; travaille à les rendre,
> Dès leur jeuneffe la plus tendre,
> Bons, dociles, obéiffants.

Fin de la feconde & derniere Partie.

TABLE

DES MATIERES.

Fin de la Table des Matieres.